Sammlung Göschen

Die Werkzeugmaschinen für Metallbearbeitung

Von

Prof. **Hermann Wilda**
Ingenieur
Inhaber der Medaille des Vereins
zur Förderung des Gewerbefleißes
in Preußen

II

Die Bohr- und Schleifmaschinen — Die Herstellung von Zahnrädern auf Werkzeugmaschinen

Mit 128 Abbildungen

Zweite, neubearbeitete Auflage

Berlin und Leipzig
Vereinigung wissenschaftlicher Verleger
Walter de Gruyter & Co.
vormals G. J. Göschen'sche Verlagshandlung — J. Guttentag, Verlagsbuchhandlung — Georg Reimer — Karl J. Trübner — Veit & Comp.

1921

Druck der Vereinigung wissenschaftlicher Verleger
Walter de Gruyter & Co., Berlin W. 10

Inhaltsverzeichnis.

Werkzeugmaschinen mit drehender Hauptbewegung.

Literatur.

Adler, Umlaufreihen bei Werkzeugmaschinen, Zeitschr. d. Vereins deutsch. Ing. 1907.
Benjamin, Moderne amerikanische Werkzeugmaschinen, 1908.
Darbyshire, Die Schleifmaschinen in der Metallbearbeitung, 1908.
Diederich, Werkzeugmaschinen.
Fischer, Die Werkzeugmaschinen, 1905.
Hülle, Die Werkzeugmaschinen und ihre Konstruktionselemente, 1913.
Kagerer, Moderne Werkzeugmaschinen, 1910.
Kurrein, Die Werkzeuge und Arbeitsverfahren der Pressen, 1914.
Meyer, Leitfaden der Werkzeugmaschinenkunde, 1913.
Pockrandt, Versuche zur Ermittlung der günstigsten Arbeitsweise der Rundschleifmaschinen, 1911.
Pregel, Drehbänke, 1898, Fräser und Schleifmaschinen.
Preger, Werkzeuge und Werkzeugmaschinen, 1913.
Ruppert, Aufgaben und Fortschritte des deutschen Werkzeugmaschinenbaues, 1907.
Schlesinger, Versuche über die Leistungen von Schmirgelscheiben, 1907.
Schmidt, Spanabhebende Werkzeugmaschinen.
Taylor-Wallichs, Über Dreharbeit und Werkzeugstähle, 1908.
Weiß, Die Werkzeugmaschinen zur Bearbeitung der Metalle, 1897.
Codron, Experiences sur les machines outels, 1912.
Karmarsch-Heeren, Technisches Wörterbuch.
Toussaint, Neuzeitliche Betriebsführung und Werkzeugmaschine, 1918.
Kick, Vorlesungen über mechanische Technologie.
v. Hoyer, Die Verarbeitung des Metalls und des Holzes.
Yurke Mietscke, Handbuch der Fräserei.
Die Werkstattstechnik, Zeitschrift.
Die Werkzeugmaschine, Zeitschrift.
Zeitschrift des Vereins deutscher Ingenieure.
Zeitschrift für Werkzeugmaschinen und Werkzeuge.
Kataloge von Schieß, Froriep, Reinecker und anderen Werkzeugmaschinenfabriken.

Die Werkzeugmaschinen mit drehender Hauptbewegung.

I. Die Bohrmaschinen.

1. Die Bohrmaschinen dienen zur Herstellung von Löchern aus dem Vollen und zum Ausbohren schon vorhandener auf einen größeren Durchmesser. Man hat demnach eigentliche Lochbohrmaschinen und Ausbohrmaschinen zu unterscheiden. Neben diesen Arbeiten lassen sich Versenken und Aufreiben von Löchern, sowie Schrauben- und Muttergewinde ebenfalls herstellen. Außerdem kommt im Werkzeugmaschinenbau häufig bei der Herstellung hohler Spindeln das Ausbohren tiefer Löcher vor, wobei das Bohrwerkzeug stillsteht, während das Werkstück eine rotierende Bewegung besitzt. Für letzteren Zweck wird aus dem Stab durch einen Kronenbohrer ein zylindrischer Kern herausgebohrt, oder man verwendet sogen. Kanonenbohrer, die in der Mitte ihrer ebenen Fläche eine kegelförmige, halbkreisförmige Nut besitzen, wodurch ein runder Kern stehenbleibt. Das Bohren erfolgt in diesem Fall von beiden Seiten des Werkstücks aus durch zwei Bohrer, die sich in der Mitte begegnen, so daß aus dem vollen Stück eine Stange herausgebohrt wird, an die sich auf beiden Seiten Drähte ansetzen. Demselben Zweck dienen auch Spiralbohrer mit Austrittsöffnungen für das Öl, die in einer Röhre verschraubt werden, oder Bohrer mit auswechselbarem Messer, die das ganze ausgebohrte Material zerspanen.

Auch auf der Drehbank lassen sich Löcher in auf der Planscheibe aufgespannte Werkstücke bohren. In vielen Fällen versieht man Bohrmaschinen mit Dreh- und Fräswerkzeugen, um diese Arbeiten ohne Umspannen des Werkstücks ausführen zu können.

Je nach der Achsenrichtung der herzustellenden Löcher unterscheidet man Senkrecht- und Wagerechtbohrmaschinen. Durch besondere Einrichtungen lassen sich auch Löcher mit geneigter Achse bohren.

Nach der besonderen Anordnung unterscheidet man die Senkrechtbohrmaschinen, in Tischbohrmaschinen mit festen Lagern für die den Bohrer antreibende Bohrspindel, als Säulen-, Wand- oder Deckenbohrmaschinen ausgeführt, und in solche, bei denen die Bohrspindel in einem auf einem drehbaren Arm verschiebbaren Schlitten gelagert ist, Radialbohrmaschinen, um große Werkstücke, wie sie z. B. in Kesselschmieden, auf Schiffswerften, bei der Bearbeitung von Panzerplatten usw. vorkommen, ohne Umspannen an verschiedenen Stellen bohren zu können.

Um die bei der Massenfabrikation vorkommenden leichteren Bohrarbeiten schnell herstellen zu können und ganze Lochreihen oder Lochkreise auf einmal zu bohren, findet die mit einem oder mehreren Bohrern ausgestattete Senkrechtbohrmaschine als Schnellbohrmaschine Anwendung. Senkrechtbohrmaschinen, die zur Herstellung von Keillöchern in Gestängen und von Keilnuten verwendet wurden, die Langlochbohrmaschinen, finden nur noch selten Anwendung, da sich durch Fräsen diese Arbeiten zweckmäßiger ausführen lassen.

Die Wagerechtbohrmaschinen dienen neben der Herstellung von Löchern meist dem Ausbohren von Lagern,

Zylindern, Maschinengehäusen usw. und besitzen daneben häufig Einrichtungen für die Herstellung von Dreh- und Fräsarbeiten, die sich mit der Bohrarbeit vereinigen lassen.

Dem speziellen Zweck der Ausbohrung größerer Zylinder angepaßte Bohrmaschinen heißen Zylinderbohrmaschinen, die aber auch als Senkrechtbohrmaschinen ausgeführt werden. Auch die Wagerechtbohrmaschinen werden häufig mit mehreren Bohrspindeln ausgerüstet.

Für Sonderzwecke, z. B. für Montagen usw., werden die Bohrmaschinen tragbar oder an Kränen aufhängbar ausgeführt.

2. Die Hauptteile der Bohrmaschinen. Neben dem Werkzeug kommen als Hauptteile in Betracht der Antrieb der ganzen Maschine, das Gestell, die Bohrspindel, ihre Lagerung und Führung, die Mittel zur Erzielung des Vorschubes, d. h. die Schaltung, die neben der Handsteuerung einen Größenwechsel und eine Selbstauslösung gestatten muß, sowie der Bohrtisch und die Mittel zu seiner Höhen- und seitlichen Einstellung.

3. Als **Antriebsmittel** der ganzen Maschine kommen mechanische und elektrische Kraft, sowie Druckluft für tragbare Bohrmaschinen in Anwendung, letztere wesentlich auf tragbare Bohrmaschinen beschränkt.

Der mechanische Antrieb wird durch Hand-, Fuß-, Riemen- oder Schnurantrieb vermittelt. Handantrieb allein kommt seltener mehr zur Anwendung, Fußantrieb bei kleineren oder Schnellbohrmaschinen. Der Transmissionsantrieb wird vom Vorgelege auf einen Spindelstock mit Stufenscheiben mit ausrückbarem Vorgelege oder Stufenräder mit Einscheibenantrieb übertragen.

Elektrischer Antrieb wird, falls sich der Motor am Gestell der Bohrmaschine befindet, durch Riementrieb und

Vorgelege übertragen. Liegt der Motor neben der Bohrmaschine, so wird die Welle des Spindelstocks vielfach unter Einschaltung von Zahnrädern angetrieben.

4. Die **Bohrspindel** dient zur Aufnahme des Bohrers und zur Vermittlung seiner Schnittgeschwindigkeit und seines Vorschubes.

a) Zur **Befestigung** des Bohrers ist die Bohrspindel am freien Ende verstärkt und trägt für kleine Bohrer eine meist mit ihr verkeilte Hülse (Abb. 1), wobei das rechteckige Ende des Bohrers durch einen Keil befestigt wird, oder der Bohrer wird in eine kegelförmige Aussparung der Bohrspindel eingesetzt (Abb. 2), deren Abmessungen durch Vereinbarung festgelegt sind. Verwendet werden meist entweder der sog. Morsekegel oder der metrische Kegel.

b) Die **Lagerung** der Bohrspindel muß nachstellbar sein und eine gute Führung derselben ermöglichen. Im unteren Lager ist die Bohrspindel von einer Hülse umgeben. In ihr ist die Spindel drehbar gelagert, aber gegen axiale Verschiebung gesichert. Nachstellbare Lager (Abb. 3, 4) erhalten meist nur schwerere Ausführungen. Das untere Lager besteht dann (Abb. 3) aus im Gestell eingelegten bronzenen konischen Lagerschalen *s* (Abb. 4), die die stählernen, in ihrer Lage durch Mutter gesicherten Laufzapfen *l* aufnehmen, wobei verschiedene Anordnungen möglich sind (Abb. 4), die von dem Antrieb und dem Vorschub der Bohrspindel abhängen.

Der Antrieb erfolgt für Senkrechtbohrmaschinen üblicher Bauart durch Riemenrollen an der nach oben verlängerten Bohrspindel (Abb. 37, S. 32), durch Stirnräder (Abb. 11, 12, S. 13), abgedeckte Kegelräder, von denen das kleine (Abb. 5) fest mit der Achse *w* des im Gestell gelagerten Spindelstocks sitzt. Das andere Rad ist entweder durch einen Keil auf der mit einer Nut versehenen Bohr-

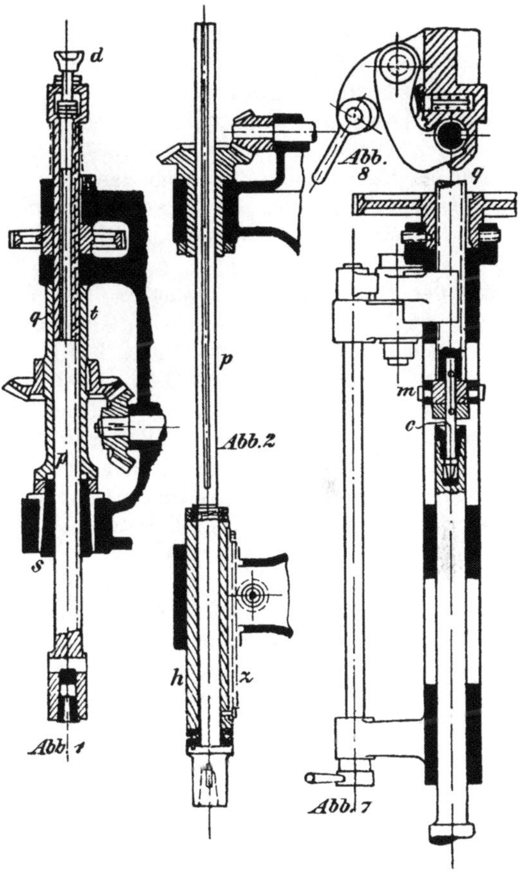

spindel p befestigt (Abb. 5) oder auf einer die Bohrspindel umgebenden Triebhülse t (Abb. 1, 4), die mit ersterer durch

Nut und Feder verbunden ist und eine auf- und abgehende Bewegung der Bohrspindel gestatten muß.

c) Die **Erzeugung des Vorschubes** der Bohrspindel erfolgt bei älteren Ausführungen durch eine Schraubenspindel (Schaltspindel, Abb. 1) mit Schaltmutter oder bei neueren durch eine Zahnstange *z* (Abb. 2). Der Vorschub kann entweder durch Handbetrieb, Gewichtsbelastung oder von der Maschine selbst erzeugt werden; bei mittleren und größeren Maschinen sind stets Hand- und Selbststeuerung vorhanden.

α) Bei der Erzeugung des Vorschubes durch *Schraube* und *Mutter* (Abb. 1), die als Zahnrad mit Gewinde in der Nabe oder in einer in die Nabe eingesetzten Büchse versehen ist und in das Gewinde der Schaltspindel *q* eingreift (Abb. 1), sitzt *q* entweder als Hülse auf dem oberen, dünneren Ende der Bohrspindel, das oben durch eine Mutter in der Hülse gehalten ist, oder die Bohr- und die nur verschiebbare Schaltspindel bestehen nicht aus einem Stück, sondern sind durch einen in das untere Ende der Schaltspindel befestigten Bolzen mittels einer ringförmigen Mutter *m* verbunden (Abb. 7). Um den von der Bohrspindel ausgeübten Druck aufzunehmen, wird am oberen Ende eine zugleich der Ölzuführung dienende Druckschraube *d* angeordnet (Abb. 1) oder der Bolzen *c* wird (Abb. 7) mit einem Stützzapfen versehen, der sich gegen eine Druckplatte im oberen hohlen Ende der Bohrspindel legt. Bei modernen Ausführungen wird der lotrechte Druck stets durch Kugellager aufgenommen.

β) Die Anwendung der *Zahnstange* als *Schaltmechanismus* läßt zwei Anordnungen zu. Die Anordnung nach Abb. 9, 10 mit einer am Gestell *g* angeordneten Zahnstange *z*, in die der im Bock *i* auf der Welle *a* gelagerte Trieb z_1 eingreift, während die Bohrspindel *p* fest im Bock gelagert ist, ist veraltet.

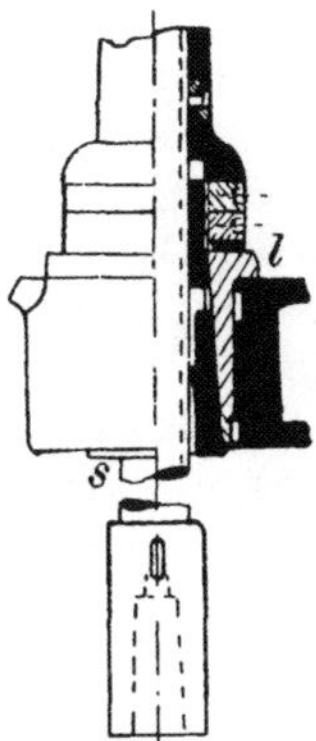

Abb. 3

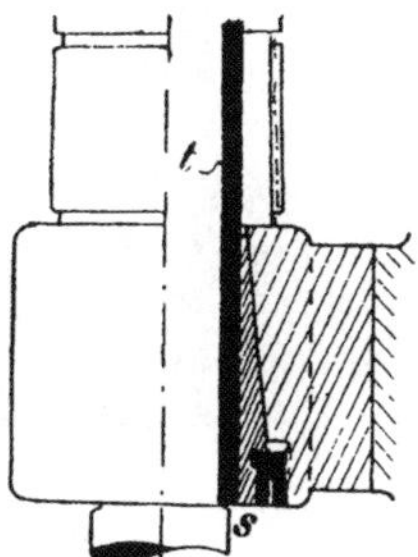

Abb. 4

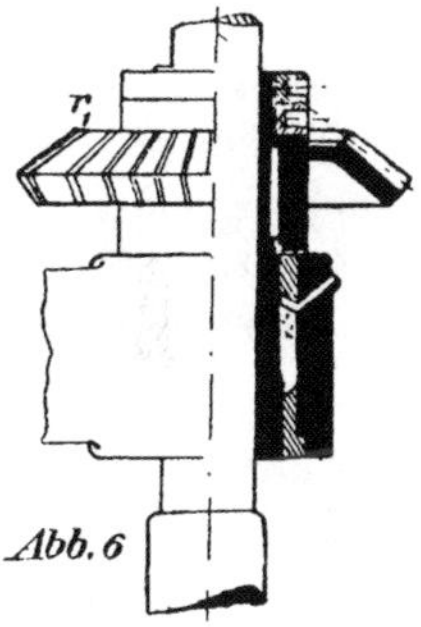

Abb. 6

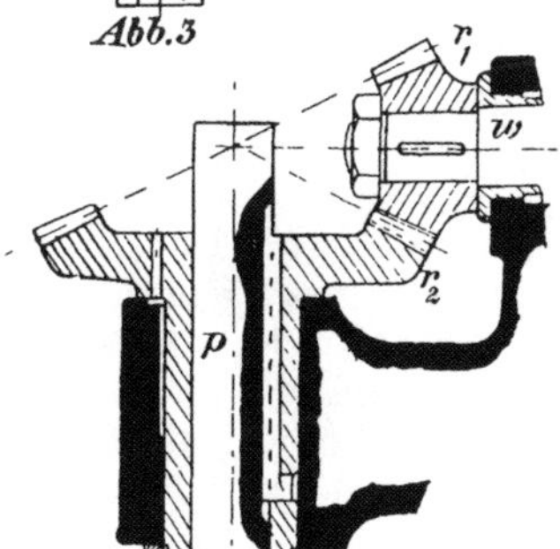

Abb. 5

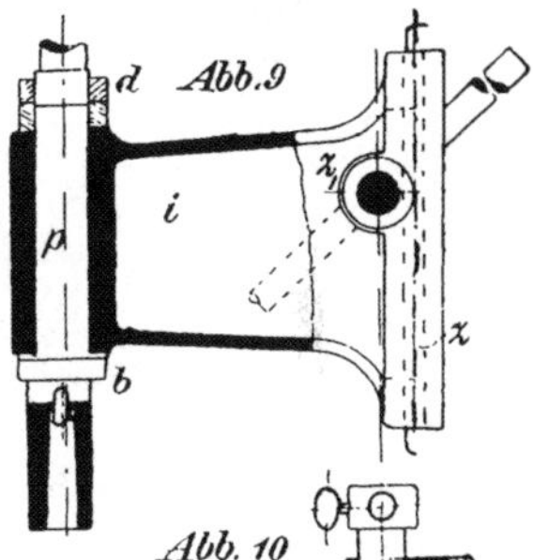

Abb. 9

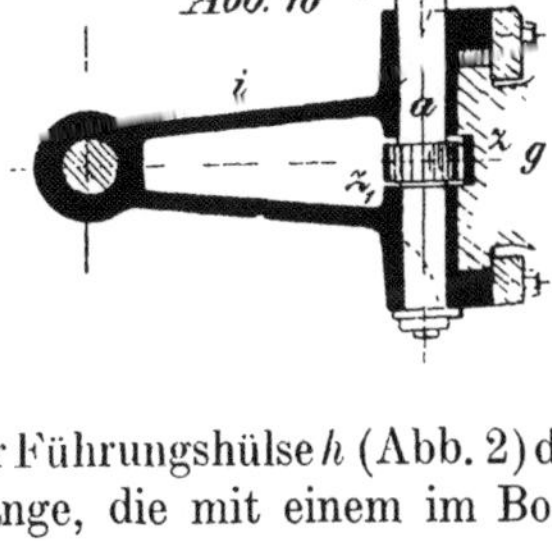

Abb. 10

Üblich ist heute eine in der Führungshülse h (Abb. 2) der Bohrspindel befestigte Zahnstange, die mit einem im Bock gelagerten Trieb in Eingriff steht, wobei der Bock am Gestell geführt wird (Abb. 10a).

d) Der **Antrieb des Schaltmechanismus** oder die Steuerung erfolgt bei Handantrieb und Schaltung mittels Schraube (Abb. 11, 11a) durch ein Handrad am unteren Ende einer ein Zahnrad z_1 tragenden und am Gestell gelagerten vertikalen Welle a, z_1 arbeitet mit dem Schaltrad z_2 auf der Schaltspindel zusammen. Durch entgegengesetzte Drehung des Handrades wird die Bohrspindel in die Höhe gezogen.

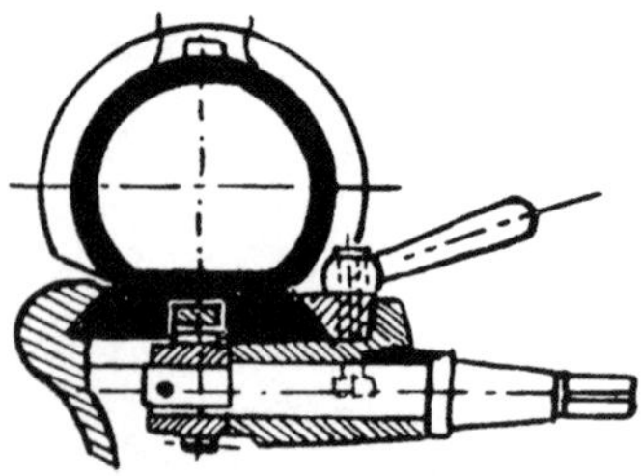

Abb. 10a.

Um ein schnelleres Hochziehen zu ermöglichen, hat man vielfach einen Hebel angeordnet, der an die Bohrspindel angreift (Abb. 12). Um das Hochziehen aber ausführen zu können, muß die auf der Schaltspindel befindliche Schaltmutter außer Eingriff mit der Spindel gebracht werden, wozu Ausrückvorrichtungen, wie auf Bd. I, Abb. 103, dargestellt, benutzt werden können. Abb. 7 u. 8, S. 9, zeigen die Gesamtausführung der Bohrspindel in einer älteren Ausführung von Gildemeister & Co. in Bielefeld.

Bei Vorschub durch Zahnstange ist die übliche Anordnung, wenn die Zahnstange an der Hülse der Bohrspindel befestigt ist. In Abb. 13 trägt ein Augenlager b eine kurze Welle, mit einem Handrad h am einen, einer Schnecke s am anderen Ende, deren Schneckenrad durch einen auf ihrer Achse sitzenden Trieb die Zahnstange z bewegt.

In etwas anderer Ausbildung (Abb. 13a) wird die eine

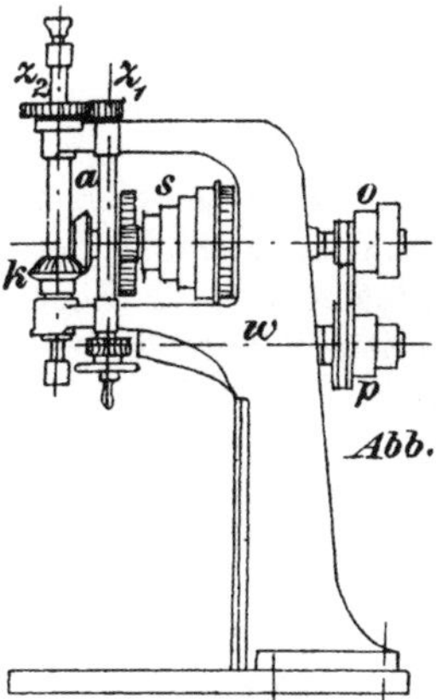

Abb. 11

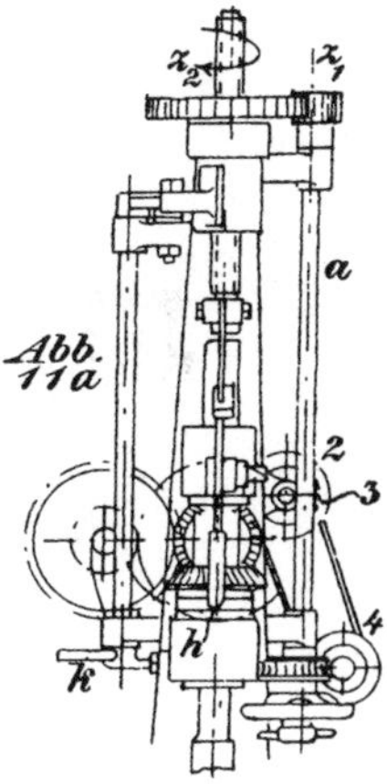

Abb. 11a

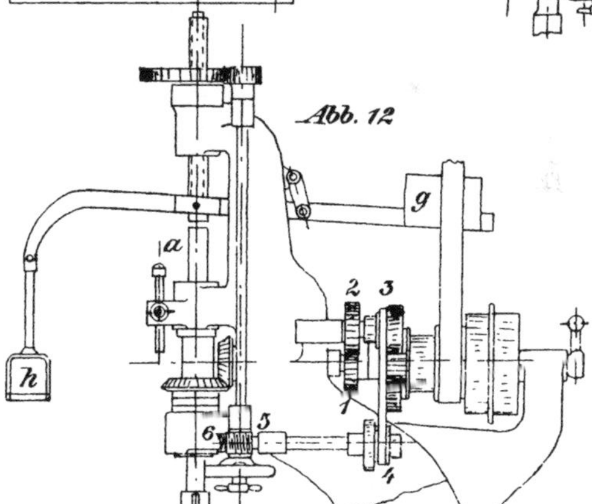

Abb. 12

Hälfte einer Zahnkuppelung k_1 beständig durch die Welle w und die Kegelräder r gedreht, während die Kupplungshälfte

k_2, durch den Hebel *h* eingerückt, die axial verschiebbare Schneckenwelle *l* dreht.

Wenn ein mit der Bohrspindel niedergehender Anschlag den Hebel *h* niederdrückt, kann ebenfalls ein Ausrücken erfolgen. Da die Schneckenwelle *l* das Schneckenrad *g* antreibt, kann auch die Welle *i* mit dem Zahnrad *n* durch die Kupplung *m* gedreht werden, wobei *m* durch Drehung eines der Hebel ein- und auszurücken ist, in letzterem Falle läßt

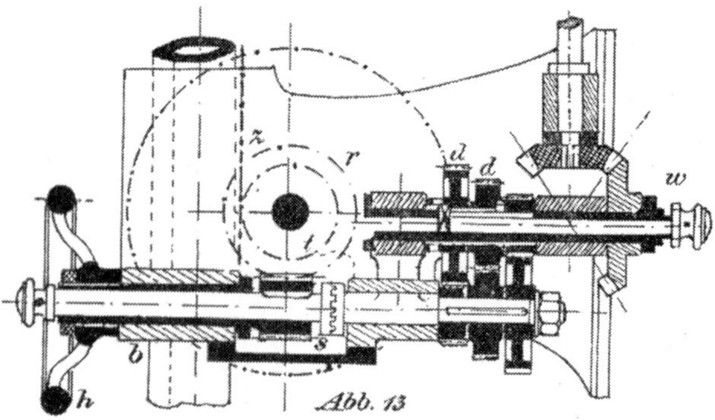

Abb. 13

sich die Bohrspindel schnell von Hand heben und senken und durch Handrad *q* langsam schalten.

Liegt — was seltener — die Zahnstange *z* am Gestell fest (Abb. 9, 10), so muß das Handrad nebst der Schnecke z_1 am verschiebbaren Bohrschlitten *i* gelagert sein.

e) Die **Selbststeuerung des Vorschubes,** also der Antrieb von der Maschine selbst, kann entweder von der Welle des Spindelstocks oder von der umlaufenden Bohrspindel ausgehen.

α) Erfolgt der Antrieb vom Spindelstock aus (Abb. 11) mit Schraube und Mutter als Schaltmechanismus, so finden sich auf seiner Achse Stufenscheiben *o* angeordnet, die eine parallele, am Gestell gelagerte Welle *w* treiben, vermöge deren durch eine Schnecke und ein auf der vertikalen Steuerwelle *a* über dem Handrad befindliches Schneckenrad auch das Schaltrad auf der Schaltspindel gedreht wird.

Wird der Vorschub durch Zahnstange erzeugt, die an der Bohrspindel befestigt ist (Abb. 13), so erhält die vertikale Steuer welle ihren Antrieb vom Spindelstock

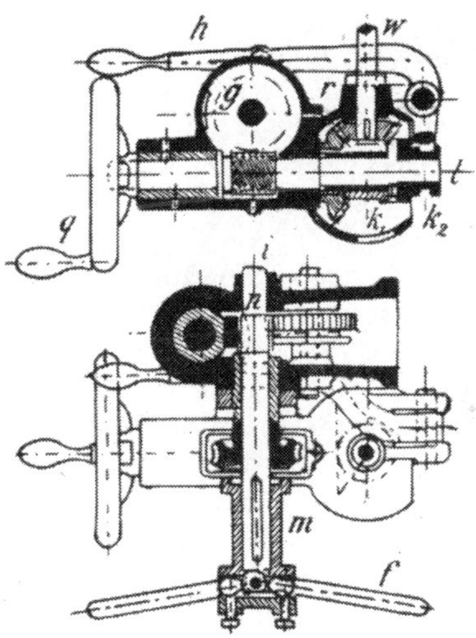

Abb. 13a.

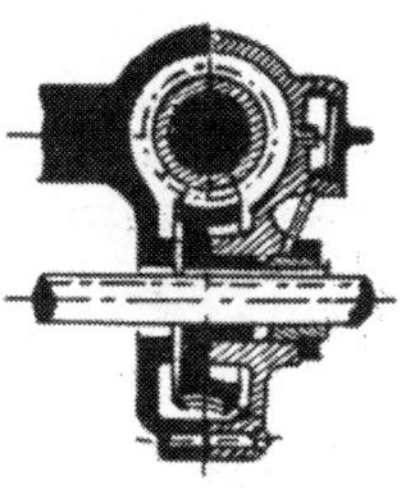

Abb. 13b.

durch ein Schneckengetriebe (Abb. 13b) und überträgt die Bewegung durch Kegelräder auf eine horizontale Welle *w*, von der aus durch Wechselräder *d d* eine parallele, zugleich der Handsteuerung dienende Welle betrieben wird. Von dieser aus geschieht die Bewegung des Zahntriebes der Zahnstange wieder durch ein Schneckengetriebe.

β) Bewirkt die Bohrspindel den selbsttätigen Vorschub, so kann dazu ein auf ihr sitzendes Exzenter verwendet werden, dessen Stange mit einem am Ende befindlichen Zapfen in einen Schlitz im Schenkel eines Winkelhebels greift. Am anderen Schenkel trägt der Hebel eine Sperrklinke, wodurch ein auf der Steuerwelle befindliches Sperrad betätigt wird.

Ein weiteres Mittel ist ein um die Bohrspindel geführter horizontaler Riemen (Abb. 14, 15), der von den Antriebsscheiben aus über eine Leitrolle *u* geführt ist.

f) Ausrückvorrichtungen sind erforderlich, um den Handantrieb und den Antrieb der Schaltung von der Maschine aus selbständig nebeneinander handhaben zu können, die auch dann in Tätigkeit treten, wenn der Bohrdruck eine gewisse Grenze überschreitet.

α) Als Mittel für die *Ausrückung* des *Handantriebes* dienen Reibungskupplungen, wie z. B. nach Abb. 103, Bd. I, oder Zahnkupplungen (Abb. 13, S. 14), die bei Schraubenschaltung zwischen dem Handantrieb und dem Schneckentrieb für den Selbstgang auf der Steuerwelle eingeschaltet werden. Auch Reibungsräder können diesem Zweck dienen.

Wird mittels Zahnstange geschaltet, so wird auf der Achse des Handrades meist eine Klauen- oder Zahnkupplung angeordnet, die durch Drehen eines Hebels vor dem Handrad oder Ziehen eines mit einer Kupplungshälfte verbundenen Knopfes ausgekuppelt wird (Abb. 13).

β) *Selbsttätige* Auslösung des Selbstganges nach Erreichung der vorgeschriebenen Bohrtiefe wird durch verstellbare Anschläge an der Bohrspindel erzielt, durch deren Aufstoßen gegen einen doppelarmigen Hebel die Auslösung der Zahnkupplung auf der Achse des Handrades bewirkt wird (Abb. 118, Bd. I), oder es tritt das Ende des Hebels zwischen die Zähne eines Sperrades, dessen Achse durch die hohle Welle der Handsteuerung hindurchgeht und innerhalb der als Mutter ausgebildeten einen Hälfte der

Reibungs- oder Zahnkupplung mit Gewinde versehen ist, wodurch Auskupplung erfolgt (vgl. Abb. 122, Bd. I).

Auch durch Auslösen des den Selbstgang der Bohrspindel erzeugenden Schneckenrades kann derselbe Zweck erreicht werden. Die Schnecke sitzt (vgl. Abb. 120, Bd. I) auf einem drehbaren Hebel und ist durch die Nase eines als doppelarmiger Hebel ausgeführten Riegels gesperrt. Trifft der Anschlag auf das freie Ende des Riegelhebels, so wird der Eingriff des Schneckenrades in die auf der Bohrspindel sitzende Schnecke durch eine Feder aufgehoben.

g) Der **Wechsel der Größe des Vorschubes** bei Selbstgang wird bei Riemenantrieb vom Spindelstock (Abb.16, 17) oder von der Bohrspindel aus durch Stufenscheiben erzeugt, wobei, wie Abb. 16 zeigt, noch Wechselrädergetriebe *u* eingeschaltet werden können. Auch Stufenrädergetriebe kommen zur Anwendung (Abb. 13), wobei die auf einer Zwischenwelle lose angeordneten Stufenräder einzeln mit den festen Rädern auf der Achse des ausrückbaren Handantriebes in Eingriff gebracht werden können.

Bei Selbststeuerung durch Exzenter von der Bohrspindel aus (Abb. 79, 80, 81, Bd. I) dient der Schlitz im Winkelhebel zur Größenänderung des Vorschubes.

5. Das **Gestell** der Senkrechtbohrmaschinen hat große Wandlungen durchgemacht. Säulenform mit rundem Querschnitt findet sich im allgemeinen für nicht zu große Bohrerdurchmesser (Abb. 33), für schwere Typen wird vorwiegend die Kastenform benutzt (Abb. 24 a.)

6. Der **Tisch** der Senkrechtbohrmaschinen muß eine Verstellung der Höhe nach gestatten und am Gestell geführt sein. In Abb. 21, 22 trägt die am Gestell geführte Konsole den eigentlichen durch Schraubenspindeln geführten Tisch. Bei Säulenbohrmaschinen werden vorzugsweise Rundtische verwendet (Abb. 18), die außer um die

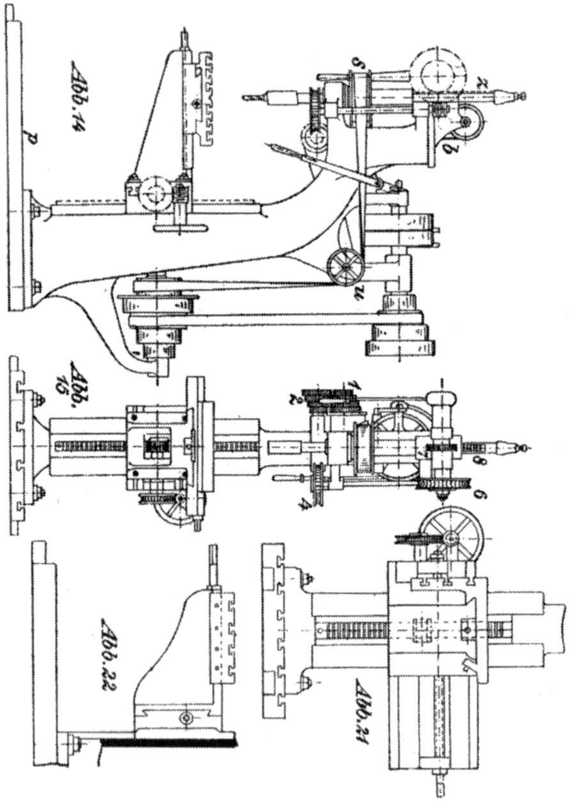

Säule noch um ihre eigene Achse drehbar sind. Bei dieser Bewegung des Tisches läßt sich die richtige Stellung des Bohrers zum Lochmittel rasch erreichen, wobei das Werk-

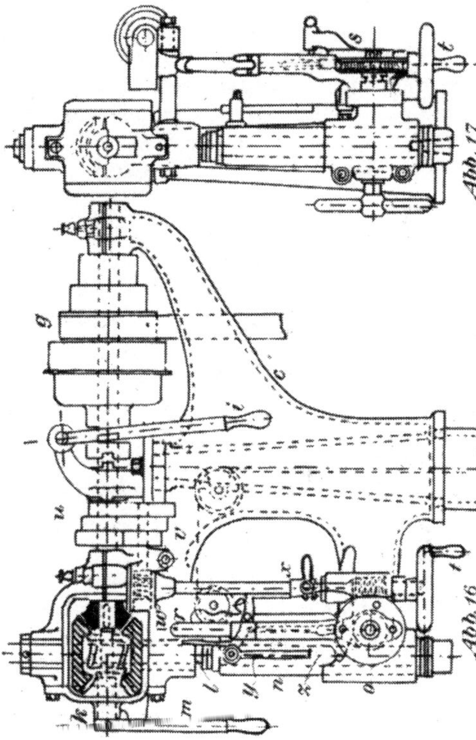

Abb. 17

Abb. 16

stück nicht genau über der Tischmitte aufgespannt zu werden braucht. Bei der Bearbeitung größerer Werkstücke wird der Tisch seitlich ausschwenkbar gemacht und das Werkstück auf der Grundplatte festgespannt (Abb. 23), was sich jedoch nur noch selten findet.

Die Höhenverstellung kann außer durch Schraubenspindel und Handrad auch durch Zahnstangen und Schneckentrieb erfolgen (Abb. 14, 15, 18). Bei Rundtischen pflegt man die Anordnung so zu treffen, daß sich auch die Zahnstange mit um die Säule dreht. In vielen Fällen werden Kreuzschlitten auf dem Tisch angeordnet (Abb. 14, 24a). In Abb. 16a kann der durch eine Schraube *s* gestützte Tisch *t* um eine besondere Säule *l* geschwenkt werden.

Bei mehrspindligen Bohrmaschinen wird der häufig durch Hebelmechanismus bewegte und durch Gegengewichte ausgeglichene Tisch gegen die Bohrspindeln bewegt und die Tischbewegung durch Anschläge (Stellmuttern auf einer Schraubenspindel) begrenzt.

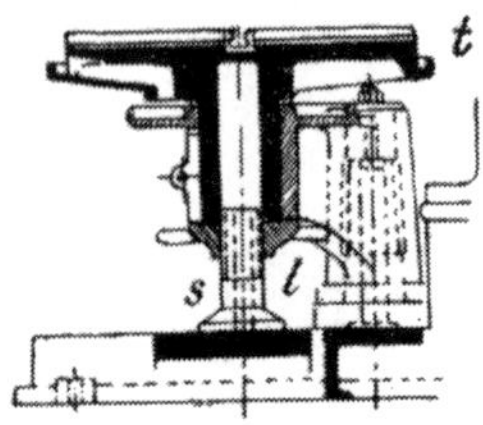

Abb. 16 a.

7. Die **Schnellbohrmaschinen,** auch Gefühlsbohrmaschinen genannt, dienen meist den Zwecken der Massenfabrikation, um eine größere Anzahl von kleineren Löchern bohren zu können und Aufreiben, Versenken, Gewindeschneiden mit derselben Maschine auszuführen. Der Antrieb erfolgt vielfach elektrisch und die Bewegungsübertragung auf die Bohrspindel durch Schnurläufe (Abb. 24), die drei bis fünf Geschwindigkeiten zulassen, durch Zahnketten oder in manchen Fällen durch eine mit Leder bekleidete Tellerscheibe auf der Bohrspindel, auf die ein an jeder Stelle der Scheibe feststellbares Reibungsrad treibend wirkt. Außerdem findet sich auch ein durch Hand- oder Fußantrieb bewegtes Zahnsegment zum Antrieb der Bohrspindel benutzt. Die Steuerung erfolgt in der Regel von Hand entweder durch einen gelenkigen Hebel mit Gegengewicht (Abb. 24), um die Bohrspindel vorzuschieben und zurückzuziehen, oder durch ein Handrad, durch dessen Schaltspindel der erforderliche Druck auf die Bohrspindel ausgeübt wird. Handrad und Hebel finden sich meist vereinigt, und die Einrichtung wird dann oft so

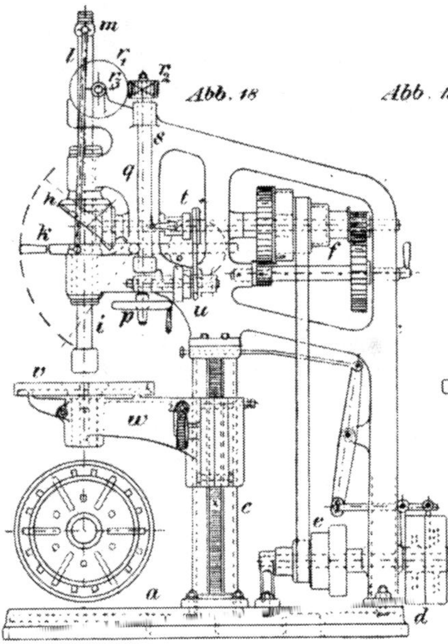

Abb. 18

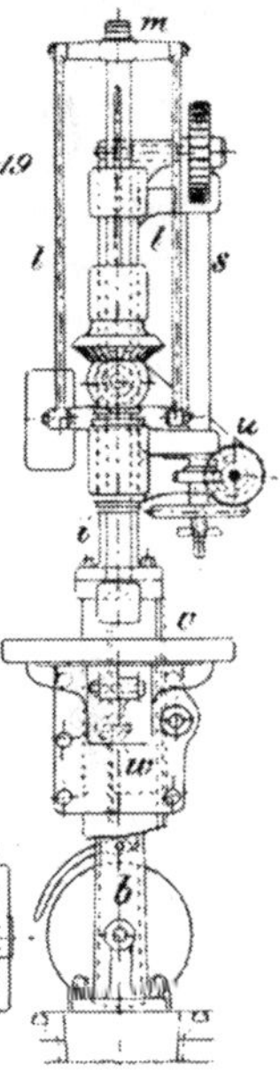

Abb. 19

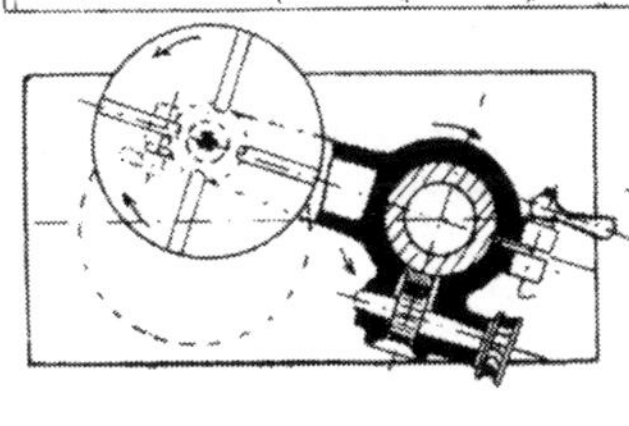

Abb. 23

getroffen, daß durch Einstellen eines Gewichts auf einer Skala des Handhebels der nötige Bohrdruck hergestellt wird, während ein zweites Handrad die Regelung des Druckes gestattet (Abb. 24). Die Lochtiefe wird durch Anschläge der Bohrspindel geregelt. Für das Zurückgehen der Bohrspindel wird vielfach Federkraft benutzt. Eine schwerere Bauart einer Schnellbohrmaschine zeigt Abb. 24a in einer Ausführung von Otto Froriep in Rheydt.

8. Die **mehrspindligen Bohrmaschinen**, die für das Bohren von Löchern in Kesselbleche, Brückenbauteile usw. große Vorteile bieten, müssen entweder gestatten, sich wiederholende Lochgruppen auf einmal herzustellen oder eine Anzahl nebeneinander oder auf einem Kreise liegender Löcher gleichzeitig zu bohren. Sie werden mit vertikalen oder horizontalen Bohrspindeln angeordnet, z. B. (Abb. 25, 26, 27) nach Ausführungen von Otto Froriep in Rheydt.

Die Bohrspindeln können dabei entweder in einem Revolverkopf radial angeordnet sein, so daß sie nach Umlegen des Kopfes einzeln arbeiten, wobei sich die Umdrehungszahlen innerhalb weiter Grenzen (200—2000) ändern lassen, oder die Spindeln liegen in einer vertikalen Ebene (Abb. 25, 28) oder auf einem Kreise (Abb. 26). Außerdem finden sich Anordnungen, bei denen die Spindeln parallel zueinander um eine Achse angeordnet sind. Der Antrieb der Bohrspindeln erfolgt je nach der Anordnung entweder gleichzeitig durch einen endlosen Riemen, wobei die auf den Spindeln sitzenden Scheiben verschiedene Durchmesser besitzen (Abb. 28, 29), oder durch ein Zahnrad, das die an seinem Umfang eingreifenden Zahnräder auf den Bohrspindeln bewegt (Abb. 30), oder eine gemeinsame Welle treibt durch Kegel- oder Schneckenräder, je nach der Lage der Bohrspindeln zur Kraftwelle, an. Jede Spindel wird dabei für sich ausrückbar angeordnet. Um durch einspindlige Bohr-

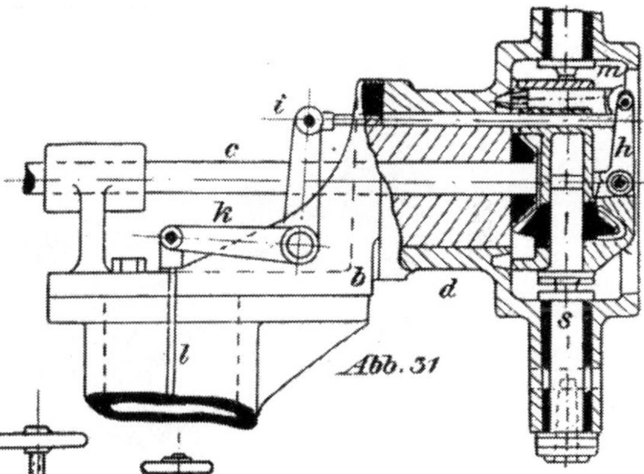

Abb. 31

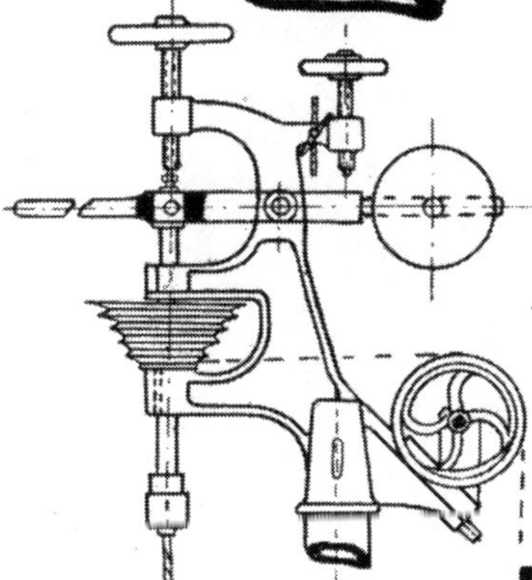

Abb. 24

Abb. 32

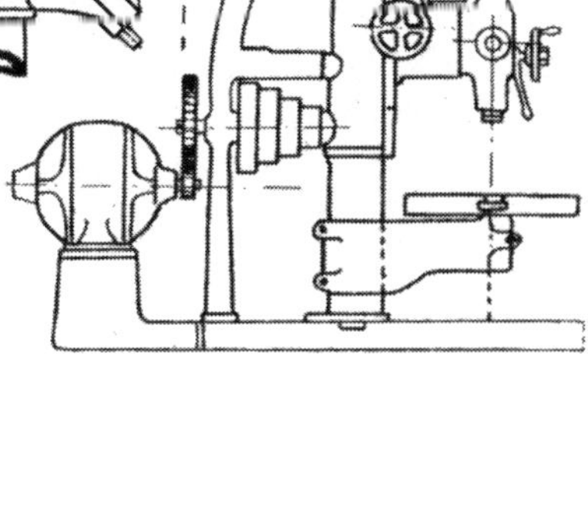

Abb. 24a.

maschinen viele Löcher zugleich und genau zu bohren, werden Bohrköpfe mit mehreren feststehenden Spindeln

Abb. 25.

verwendet. Abb. 31, S. 23, zeigt einen auf dem oberen Ende des säulenartigen Gestells angeordneten **Revolverkopf**.

Das Gußstück *b* dient hier zur Lagerung der Welle *c* und trägt den Kopf *d*, in dem die Bohrspindeln in Büchsen geführt sind. Sie lassen sich mit einer vertikalen Welle kuppeln, die wieder durch den Hebel *h* und das Gestänge *i k l* mit der Bohrspindel *s* zu kuppeln ist. Durch den Bolzen *m* läßt sich der Kopf verriegeln. Statt am Ende der Säule in fester Höhenlage, kann der Revolverkopf auch an einen Schlitten am Gestell geführt werden (Abb. 32, S. 23).

Abb. 28, 29 zeigen den Spindelkopf einer dreispindligen Bohrmaschine der Werkzeugmaschinenfabrik Karlsruhe, bei der die unverschieblichen Bohrspindeln von einer Trommel aus angetrieben werden und der Vorschub durch Hebung des Tisches mittels eines Hebelmechanismus erreicht wird.

Sollen Lochreihen hergestellt werden, so wird im allgemeinen jede Spindel mit einem Schlitten versehen, die sich am Bohrständer auf die vorgeschriebene Teilung einstellen läßt.

Für die Herstellung von Lochkreisen (Abb. 26, 30) findet sich die Anordnung meist so, daß jede Bohrspindel in einem radial verstellbaren Lager läuft, das den Halbmesser des Lochkreises einzustellen gestattet. Der Antrieb erfolgt hier durch ein Zahnrad auf jeder Spindel: sämtliche Spindeln werden von einem Rade aus angetrieben. Die Übertragung auf die Bohrspindeln geschieht durch gelenkig gelagerte ausziehbare Wellen *w*. Der ganze Spindelkopf ist am Gestell durch einen Schlitten geführt, der den Vorschub durch eine am Gestell feststehende Schraubenspindel erzeugt. Für die genaue Führung der Bohrspindeln wird eine ebenfalls am Gestell geführte Bohrschablone verwendet.

Bei mehrspindligen Bohrmaschinen findet sich nicht selten die Anordnung, daß jeder Bohrer neben dem eigentlichen Vorschub einen schnelleren Vorlauf bis an die zu bohrende Fläche besitzt und einen schnellen Rücklauf in die Anfangsstellung. Die mehrspindlige Bohrmaschine (Abb. 26) ist vorwiegend für das Bohren von Nietlöchern an Kesseln bestimmt.

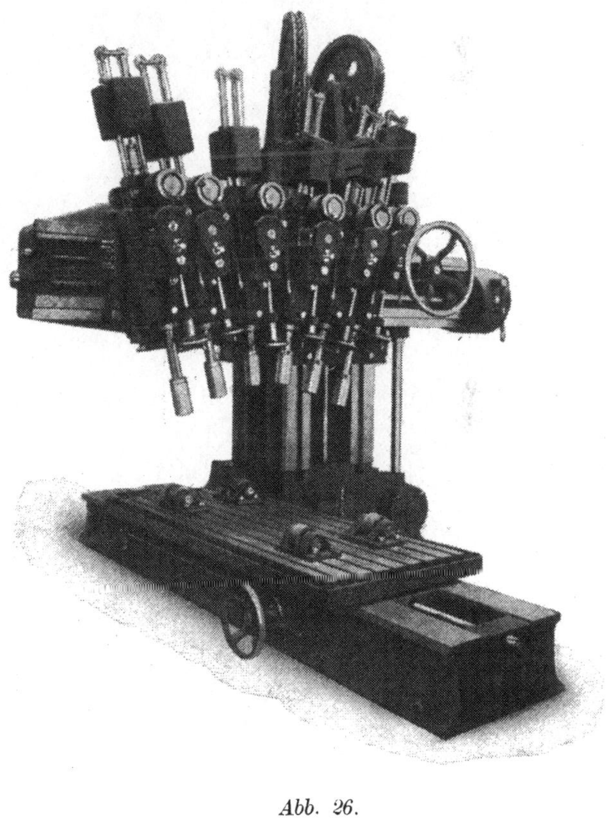

Abb. 26.

Abb. 27.

9. Verschiedene **Senkrechtbohrmaschinen** zeigen die Abb. 11, 14, 16, 18, 32 usw.

a) Bei der sog. deutschen Bohrmaschine älterer Ausführung (Abb. 11) wird der vom Spindelstock *s* ausgehende Antrieb mittels Stufenscheiben *op* durch eine parallele Welle *w* auf eine Schnecke übertragen, die durch Schneckenrad die Steuerwelle *a* für den Selbstgang antreibt. Der Antrieb der Bohrspindel erfolgt durch Kegelräder *k*, der Vorschub durch Stirnräder z_1, z_2 auf die Schaltspindel der Bohrspindel.

b) Eine große Senkrechtbohrmaschine mit Hohlgußgestell zeigen die Abb. 18, 19. Die Fest- und Losscheiben *d* und eine Stufenscheibe *e* zum Antriebe des mit ausrückbarem Vorgelege versehenen Spindelstocks *f* sind auf der mit T Nuten versehenen Aufspannplatte gelagert, die ebenfalls die Säule *c* trägt. Der Konsoltisch *w* mit dem drehbaren Aufspanntisch *v* ist um die Säule schwenkbar. Die Höhenstellung der Konsole *w* wird durch eine Zahnstange vermittelt. Der Antrieb der Bohrspindel *i* erfolgt durch Kegelräder *h*. Die Handumsteuerung ist doppelt vorhanden. Durch Hebel *k*, Zugstange *l* und Traverse *m* kann die Bohrspindel schnell hochgezogen und angesetzt werden. Für langsameren Vorschub dient das Handrad *p* und die Steuerwelle *q*, wobei die Übertragung auf die Bohrspindel durch Schraubenräder r_1 und r_2 sowie den Zahnstangentrieb r_3 erfolgt. Für den Selbstgang, für den die Stufenscheiben *t* und *u* als Antrieb dienen, erfolgt die Ausschaltung der Handsteuerung durch die exzentrische Lagerung der Bohrspindel in der Hülse *s*, während von *u* aus die Bohrspindel durch Schnecke und Schneckenrad betätigt wird. Das Ein- und Ausrücken der ganzen Maschine erfolgt durch eine Zugstange.

c) Bei der **Säulenbohrmaschine** (Abb. 33, S. 31), deren Tisch *t* durch die Schraubenspindel *s* in der Höhe verstell-

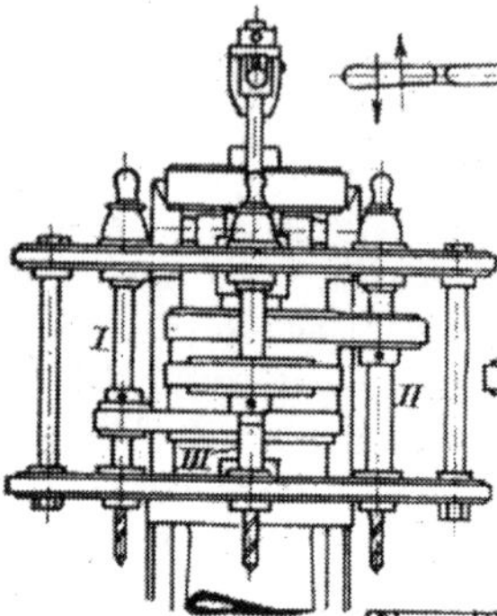

Abb. 28

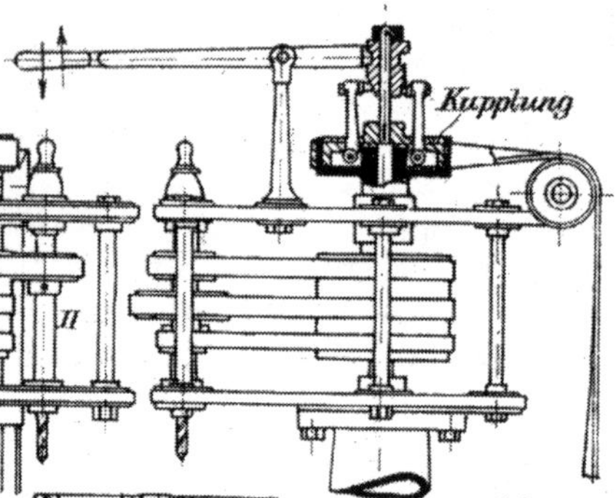

Abb. 29

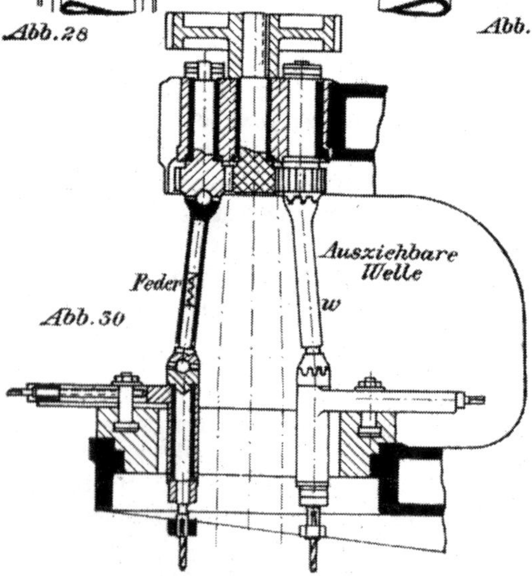

Abb. 30

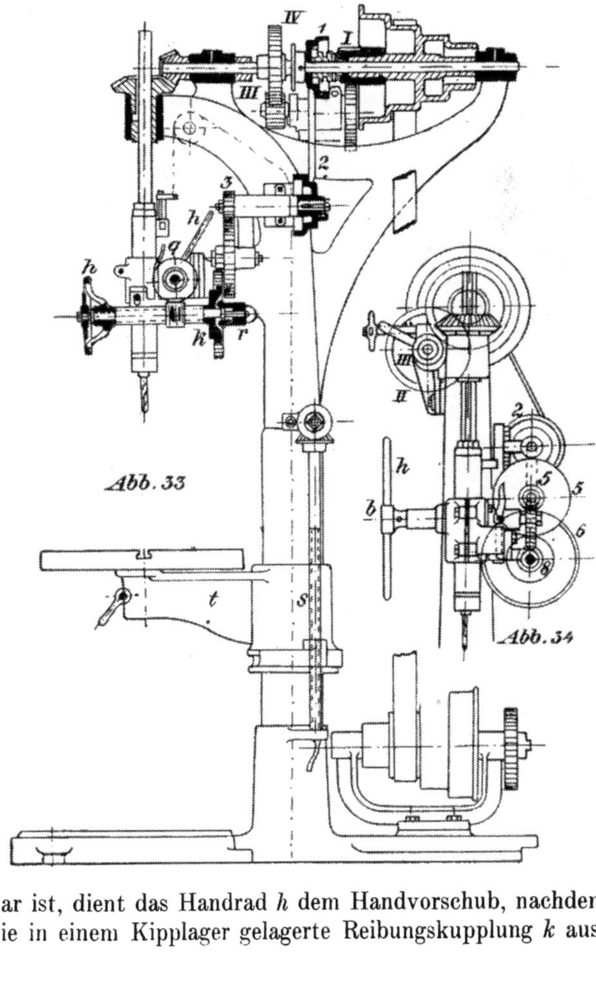

Abb. 33

Abb. 34

bar ist, dient das Handrad *h* dem Handvorschub, nachdem die in einem Kipplager gelagerte Reibungskupplung *k* aus-

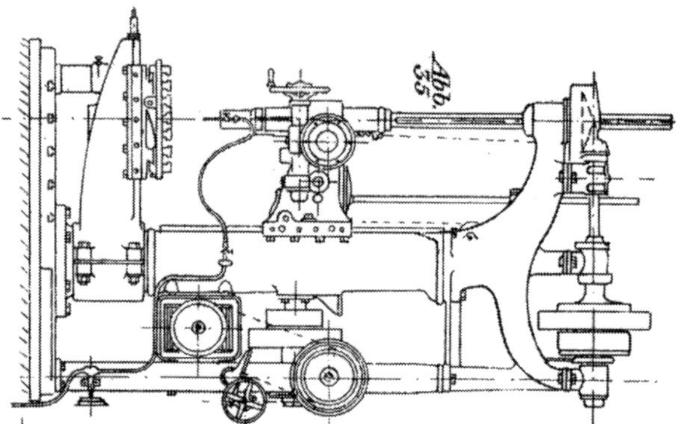

Abb. 35

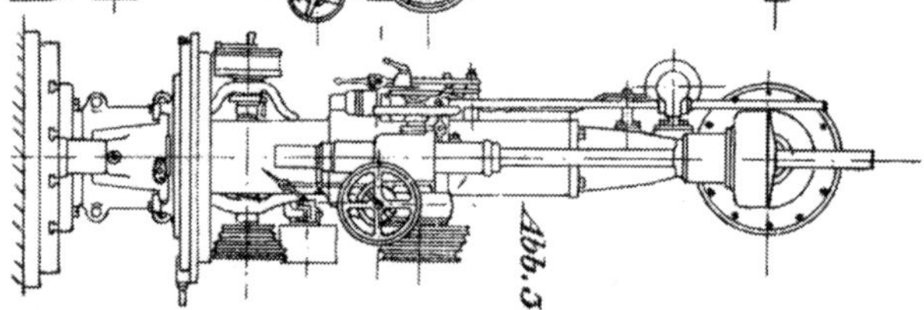

Abb. 36

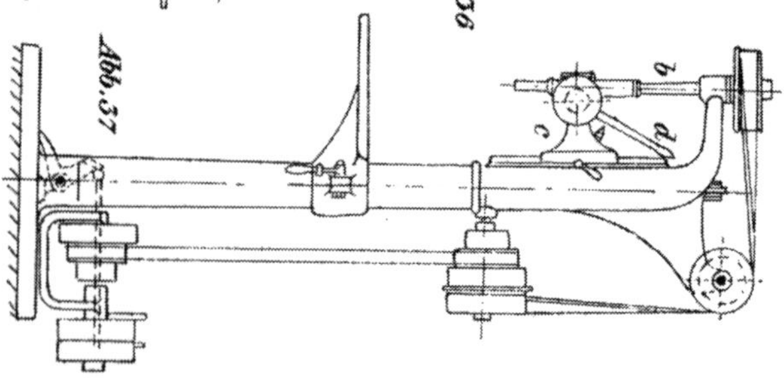

Abb. 37

gerückt ist. Der Selbstgang wird unter Einschaltung von Wechselrädern von einer Stufenscheibe auf der Spindelstockwelle angetrieben, den Rückgang der Bohrspindel mit

Zahnstangenantrieb ermöglicht der Hebel *h* (Abb. 34). Das Gewicht der Bohrspindel mit Zubehör wird durch ein Gewicht in der Säule ausgeglichen.

Abb. 14, 15, S. 6, 18, zeigen eine Bohrmaschine mit Hohlgußgestell, deren Tisch mit Kreuzschlitten nicht um das Gestell drehbar ist. Der Vorschub für Selbstgang geht von einer Scheibe *s* auf der Bohrspindel aus, die Schaltung geschieht durch eine Zahnstange *z*. Auch hier ist das Gewicht der Bohrspindel durch ein Gewicht an einem Stahlband ausgeglichen.

In Abb. 16, 17 ist die Ausführung des Oberteils einer Säulenbohrmaschine dargestellt, die für den Umlauf nach beiden Richtungen ein durch den Handhebel *m* zu betätigendes Kegelräder-Wendegetriebe besitzt. Abb. 35, 36 zeigen die vielfach angewendete Bauart einer Säulenbohrmaschine mit elektrischem Antrieb und Abb. 37 die Anordnung einer Schnellbohrmaschine.

d) Die **Radialbohrmaschinen** (Abb. 38—45), deren Zweck schon auf S. 6, 26 angegeben ist, bestehen im wesentlichen aus einer Aufspannplatte (Abb. 38, 39), auf der ein Ständer *b* montiert ist. An diesem läßt sich ein drehbarer Arm *l*, der den Bohrschlitten trägt, in der Höhe verstellen.

Die Grundplatte besitzt Nuten zur Befestigung schwerer Arbeitsstücke, in manchen Fällen wird sie außerdem mit einem auf ihr verschiebbaren Bohrtisch versehen (Abb. 44). Der Aufspanntisch, auf dem der Ständer steht, ist oft ein hohles Gußstück von etwa 80 cm Höhe und besitzt auch an seinen Seitenflächen Aufspannuten (Abb. 38).

Der Ständer wird in Hohlguß oder in Säulenform ausgeführt. Im ersteren Falle (Abb. 42, 45) kann an ihm ein Schlitten mittels Kegelräder und Schraubenspindel oder durch Schnecken- und Zahnstangentrieb vertikal bewegt werden. Runde Säulenständer (Abb. 40, 43, 44) werden

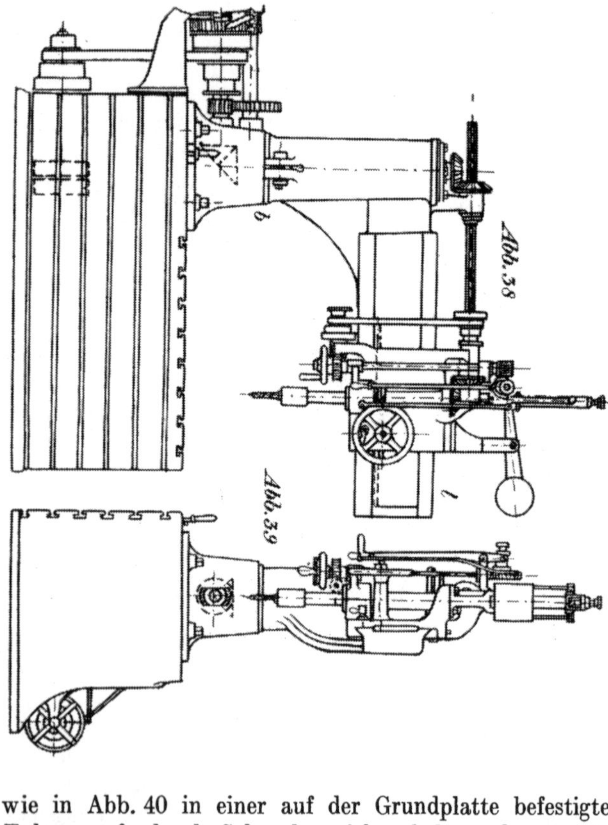

Abb. 38

Abb. 39

wie in Abb. 40 in einer auf der Grundplatte befestigten Führung oft durch Schneckentrieb gehoben oder gesenkt Der Schlitten trägt eine genutete, vertikale Welle, die entweder in zwei Lagern am Schlitten gelagert ist oder außerdem in einem Auge oben am Ständer geführt wird, um die der Bohrarm, durch Kegelräder vom Vorgelege aus betrieben, schwenken kann. Bei runden Säulen wird die

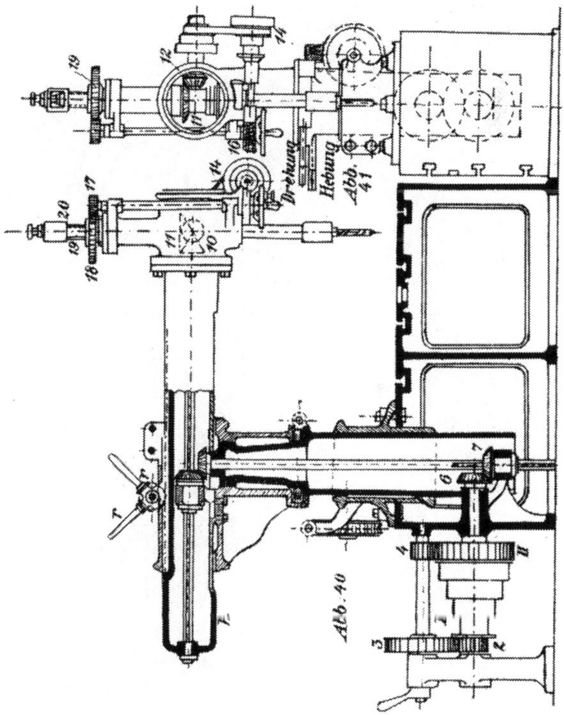

Schwenkbarkeit durch einen mittels liegenden Schneckengetriebes drehbaren Säulenkopf ermöglicht. Dieser, oben als Hülse ausgebildet, dient dem ebenfalls runden Bohrarm zur Führung.

Abb. 42.

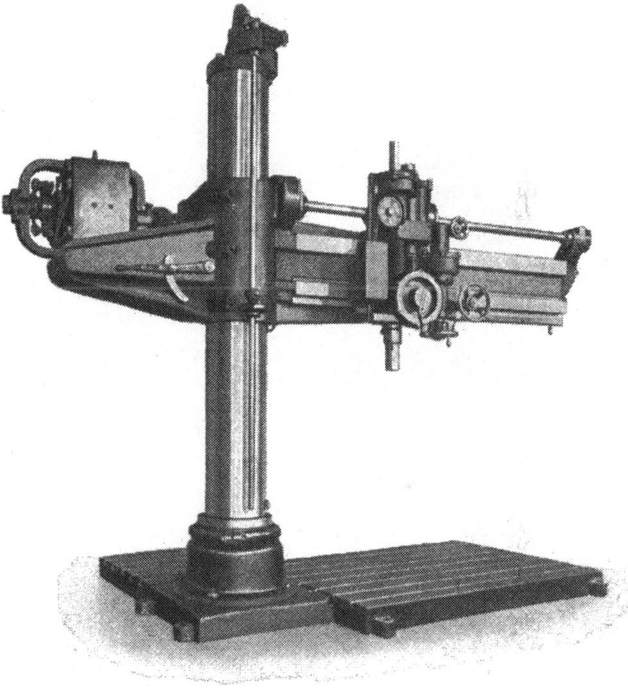

Abb. 43.

Eine sehr gute Anordnung zeigt eine Ausführung von Hessenmüller (Abb. 44a). Der Auslegerarm ist auf einer senkrechten Säule in der Höhe verschiebbar gelagert und läßt sich mit der Säule herumschwenken. Die Säule selbst ruht auf konischen Rollen und ist durch einen Klemmring mit dem Untersatz zu verbinden.

Für Hohlgußgestelle besteht der Bohrarm aus zwei par-

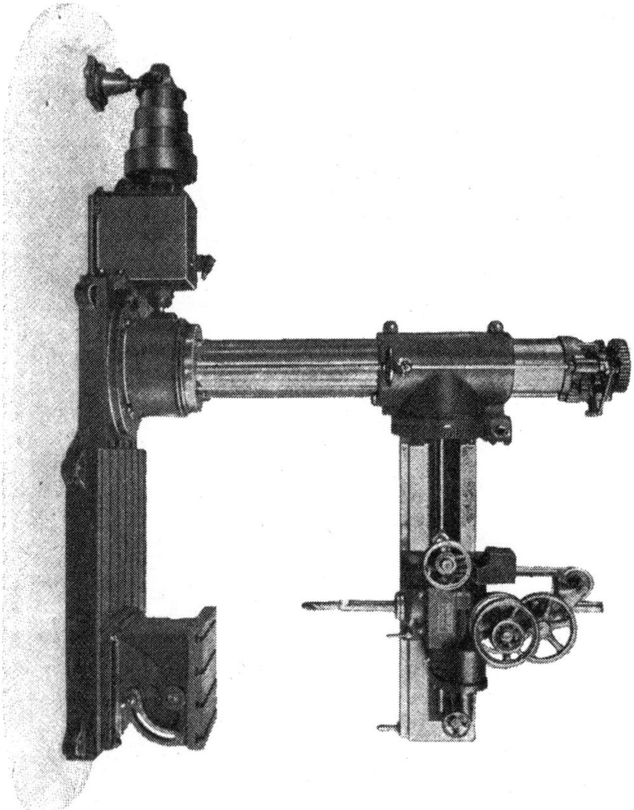

Abb. 44.

allelen Führungen (Abb. 42), die an dem verstellbaren Ständerschlitten in Zapfen drehbar gelagert sind. Die radiale Verschiebung des eigentlichen Bohrschlittens längs des Bohrarms erfolgt durch Verschiebung an einer Zahnstange am Bohrarm durch Handrad. Die Bohrspindel erhält die Hauptbewegung durch eine parallel zum Bohrarm, über oder neben ihm gelagerte, längsgenutete Welle, und die Schaltbewegung wird von dieser abgeleitet durch eine dritte horizontale oder vertikale Welle, die durch Stufenscheiben betätigt wird. Selbstgang wird in manchen Fällen durch eine Klauenkupplung erzielt. Die Welle für den Antrieb der Hauptbewegung der Bohrspindel kann auch ausziehbar ausgeführt sein. Bei rundem Auslagerarm (Abb. 40) erfolgt die radiale Verschiebung durch Zahnstangentrieb *r* in der Hülse *h*. Auch hier dient der Hauptbewegung eine im Bohrarm angeordnete, genutete Welle mit Kegelrädern.

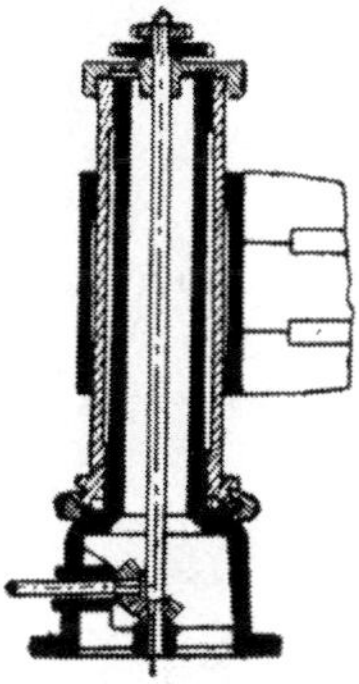

Abb. 44a.

e) Bei den sog. **Universalbohrmaschinen** kann der Bohrschlitten durch Schneckentrieb um seine Achse gedreht und die Bohrspindel durch eine am Bettschlitten angeordnete Spindel schräg eingestellt werden.

Bei rundem Bohrarm, der den Bohrschlitten an seinem freien Ende trägt, wird ebenfalls häufig durch Schneckentrieb eine Schrägstellung des Kopfes ermöglicht, sowie Drehung des ganzen Bohrschlittens bis zu etwa 30°. Der am unteren Teil des Gestells gelagerte Spindelstock wird neuerdings vielfach durch Stufengetriebe ersetzt.

f) **Wandbohrmaschinen** mit zur Wand senkrechten oder parallelen Antriebswellen werden entweder mit unbeweglichem oder mit gelenkigem Arm ausgeführt, der sich in vielen Fällen heben und senken läßt. Die Hauptbewegung wird dann von der durch Kegelräder angetriebenen, zur Wand parallelen Hauptantriebswelle (Abb. 46) durch hori-

Abb. 45.

zontale Riemen auf die Bohrspindel übertragen. Die Schaltung kann durch Hand- und Selbststeuerung erfolgen.

Um das Werkstück in seiner ganzen Ausdehnung bestreichen zu können, werden Wandbohrmaschinen vielfach mit gelenkigem Auslegerarm hergestellt. Bei Riemenantrieb der Bohrspindel sitzen die Riemenscheiben auf den Gelenkachsen. Den Vorzug elektrischen Antriebes zeigt hier Abb. 47. Das äußere Gelenk des Auslegers trägt den Motor *m*, dessen Umlaufzahl geregelt werden kann. Zur Übertragung der Bewegung auf die Spindel dient ein Kegelräderpaar mit einer Übersetzung ins Langsame.

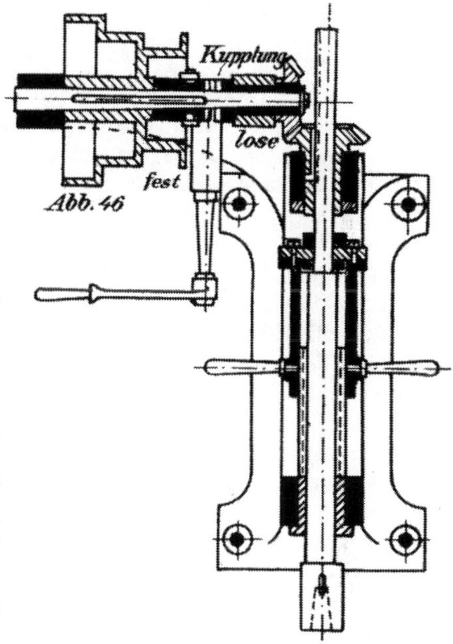

Abb. 46

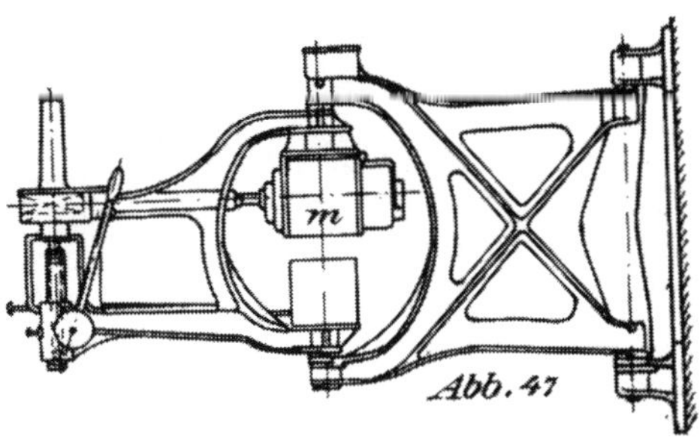

Abb. 47

Deckenbohrmaschinen mit durch Gewichte ausgeglichener Bohrspindel haben den Vorteil, daß der ganze Raum unter ihnen frei ist.

10. Wagerechtbohrmaschinen mit horizontal liegender Bohrspindel dienen dem Ausbohren schon vorhandener Löcher, von Zylindern, Lagern, sowie auch dem Abdrehen von Flanschen und sonstigen Stirnflächen (Abb. 48—55). Die Arbeitsweise erfolgt oft vorwärts und rückwärts. Besondere Vorteile bieten wagerechte Bohrmaschinen da, wo sich mehrere Lager mit derselben Mittellinie der Zapfenbohrungen durch eine Bohrstange ausbohren lassen.

Unter allen Umständen muß eine zur Richtung der Bohrspindel senkrechte Bewegung möglich sein, die dadurch vom Werkstück ausgeführt werden kann, daß es sich, auf auf einem Tisch mit Kreuzschlitten aufgespannt, auf einer zur Arbeitsspindel in der Längsrichtung der Bohrspindel parallelen und auch senkrechten Tischplatte, die gehoben und gesenkt werden kann, bewegen läßt, oder indem das Werkstück auf einer Bettplatte befestigt wird, während die in einem Schlitten am Gestell in der Höhe verstellbare Bohrspindel sich mit dem Gestell auf der Bettplatte verschieben läßt (Abb. 48, S. 43). Diese letztere Anordnung läßt sich auch so ausführen, daß auch das Werkstück auf einem auf der Bettplatte verschiebbaren Tisch festgespannt die Vorschubbewegung ausführt.

Bei nicht zu schweren Werkstücken kommen meist solche Konstruktionen zur Verwendung, bei denen sich die Bohrspindel in einem festen Spindelstock verschiebt, von dem die Hauptbewegung abgeleitet wird. Eine derartige neuere Anordnung zeigen Abb. 49, 50, bei denen die überall gleich starke Bohrspindel hinten von einem besonderen Lager *l* getragen und durch eine Zahnstange *z* verschoben wird. Der selbsttätige Vorschub geht von der

Abb. 48.

Bohrspindel aus und wird durch eine zu ihr parallele Welle auf den Zahnstangentrieb übertragen. Abb. 49, 50 zeigen die Ableitung der Tischbewegung.

Die Höhenverstellung des Untertisches geschieht durch in der Grundplatte geführte Schraubenspindeln von einer durch ein Stirnradgetriebe einrückbaren, im Tisch gelagerten wagerechten Welle mittels Kegelräder oder Schneckentriebes. Der Längs- und Quergang geht von der Leitspindel *p* aus (Abb. 49), deren Bewegung auch durch Zwischengetriebe von der Bohrspindel abgeleitet wird. In manchen Fällen besitzt der Obertisch Rundgang.

Zur Bearbeitung von Flanschen dient ein auf der Bohrspindel zu befestigender fliegender Support (Schwärmer), vgl. Bd. I, Abb. 71. Für sehr lange Gegenstände kann der Setzstock entfernt werden.

Für schwere Maschinenrahmen, Zylinder usw. kommen horizontale Bohrmaschinen mit verschiebbarem Ständer und an diesem verstellba en Bohrschlitten nach Abb. 48 zur Anwendung, oft mit mehreren Ständern. Bei der Anordnung mit zwei unter 90° stehenden Bohrspindeln geht die Bewegung der Ständer von einer innerhalb der Grundplatte gelegenen Welle mit Stufenscheibe aus, die durch eine Reibungskupplung ein- und ausgerückt werden kann und mit einer Stufenscheibe am Kopf zusammenarbeitet. Durch ein Wendegetriebe mit Reibungskupplung kann einer vertikalen Antriebswelle Rechts- und Linksdrehung erteilt werden.

11. Für das Ausbohren größerer Zylinder sind besondere Bauarten der Bohrmaschinen in Verwendung, die **Zylinderbohrmaschinen.** Sie werden mit liegender und stehender Bohrspindel gebaut, um die Zylinder in der Lage, in der sie später benutzt werden, auszubohren. Je nach der Art der Verteilung der Arbeits- und Schaltbewegung

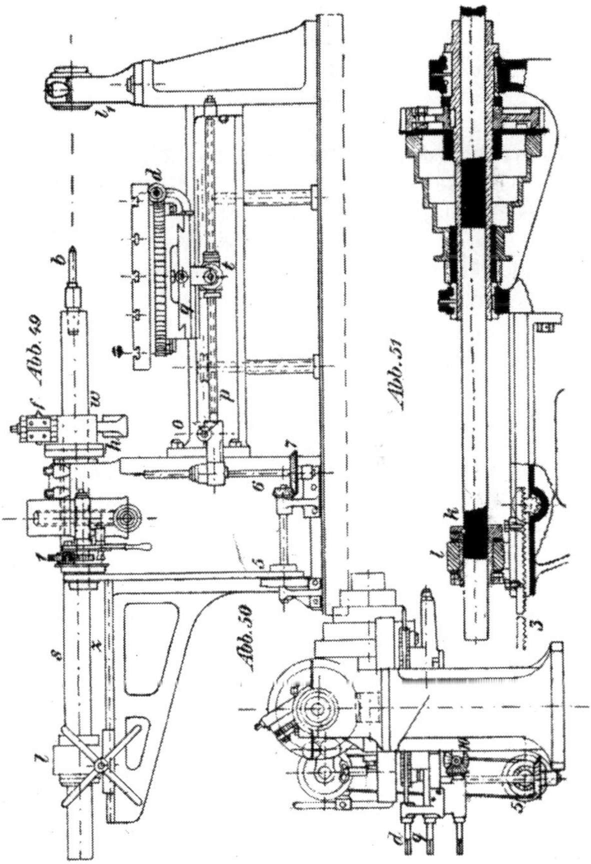

Abb. 49. Abb. 50. Abb. 51.

auf Bohrspindel und Bohrwerkzeug unterscheidet man Maschinen mit wanderndem Bohrkopf, bei denen das Werkzeug Arbeits- und Schaltbewegung besitzt, oder solche mit wandernder Bohrspindel, auf der der feste Bohrkopf befestigt ist. In letzterem Fall erfordert die Maschine eine größere Länge.

a) Bei der ersteren Anordnung (Abb. 52, 53, 54) trägt die durch Schnecke *r* und Schneckenrad *s* angetriebene Bohrhülse *b* den Bohrkopf *k* und in der Bohrhülse liegt eine Leitspindel, die den Bohrkopf durch eine Mutter verschiebt.

Die Leitspindel kann konzentrisch oder exzentrisch zur Achse der Bohrhülse liegen, die letztere Anordnung ergibt eine widerstandsfähigere Konstruktion. Die Steuerung erfolgt in diesem Fall meist durch ein Sternrad auf der Leitspindel, wobei ein fester das Sternrad treffender Anschlag ruckweisen Vorschub erzeugt (Abb. 72, Bd. I). Bei konzentrischer Leitspindel dient der Steuerung ein Differentialrädergetriebe (vgl. Abb. 54), durch dessen Verdopplung mit geeigneter Übersetzung der Bohrkopf vor- und zurückgeschoben werden kann.

Zur Beschleunigung der Arbeit und Entlastung der Bohrhülse von seitlichem Druck werden vielfach Bohrköpfe mit mehreren Schneidmessern auf ihrem Umfang verwendet.

Die Veränderung der Schaltung erfolgt durch am Hauptständer angeordnete Wechselräder, und während der Hauptständer meist auf der mit Spannschlitzen versehenen Grundplatte befestigt ist, kann der Lagerständer in der Achsenrichtung der Bohrstange versetzt werden.

b) Bei den Anordnungen mit **wandernder Bohrstange** (Abb. 55) ist letztere massiv und erhält ihren Antrieb durch ein Schneckenrad mit hohler Nabe, durch welche die durch ein besonderes Schlittenlager gestützte Bohrstange beim Vorschub hindurchtritt. Der Schlitten kann durch Stell-

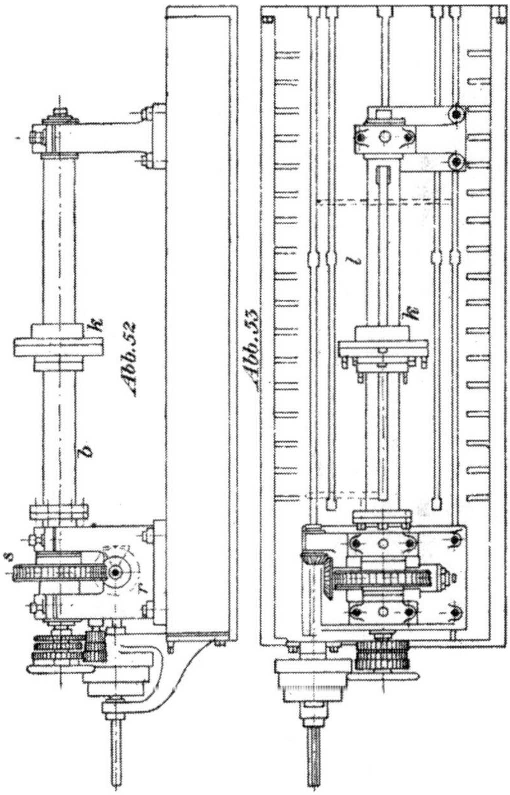

ringe an beliebiger Stelle mit der Bohrstange gekuppelt werden, so daß sich diese ganz zurückziehen läßt.

Der Antrieb erfolgt von einem für langsamen und schnellen Lauf eingerichteten Deckenvorgelege durch

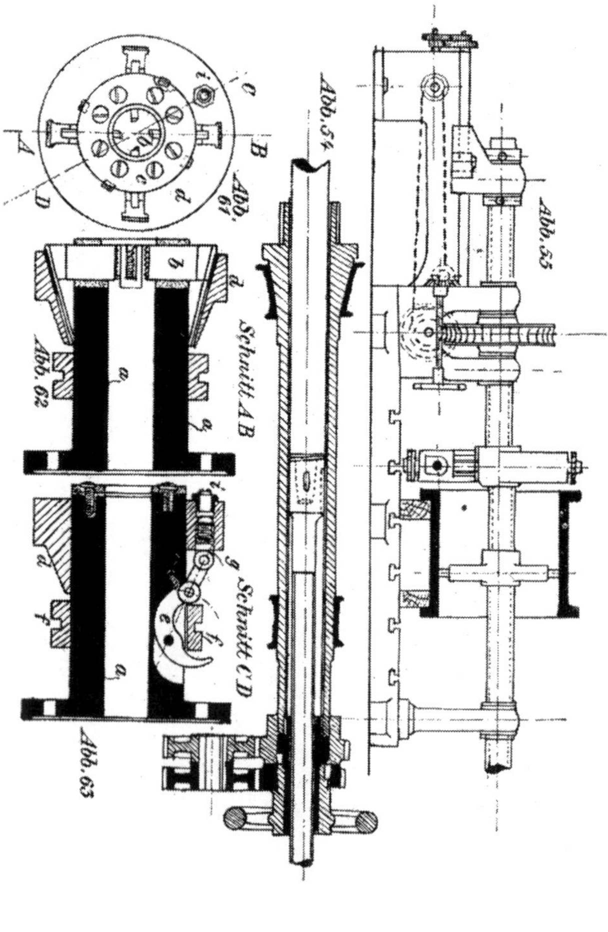
Abb. 54
Abb. 55
Abb. 61
Schnitt AB
Abb. 62
Schnitt CD
Abb. 63

Stufenscheiben mittels Schneckentriebs für verschiedene Arbeitsgeschwindigkeiten.

Die Bewegung des Schlittens erfolgt durch eine von der Maschine bewegte Schraube und läßt sich durch Stufenscheiben und Wechselräder verändern. Ein doppeltes Horizontalbohrwerk von Otto Froriep in Rheydt ist in Abb. 56 dargestellt.

Die Anordnung einer Zylinderbohrmaschine mit vertikaler Bohrspindel zeigen Abb. 57, 58. Der Antrieb geschieht von der Stufenscheibe *a* aus, durch welche die Welle *c* betrieben wird, und von dieser geht die

Abb. 56.

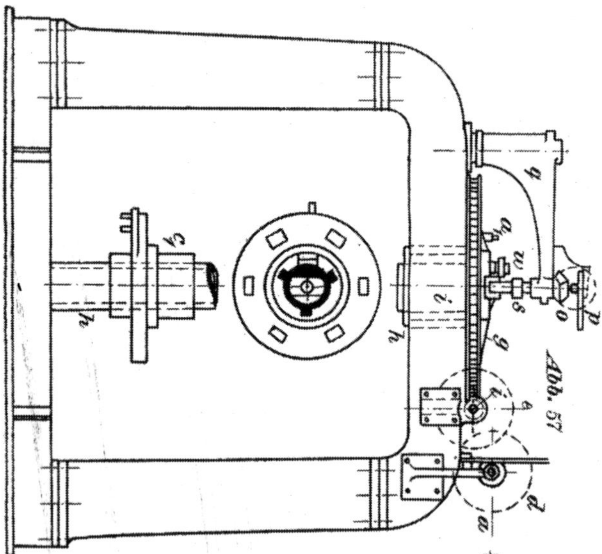

Abb. 57

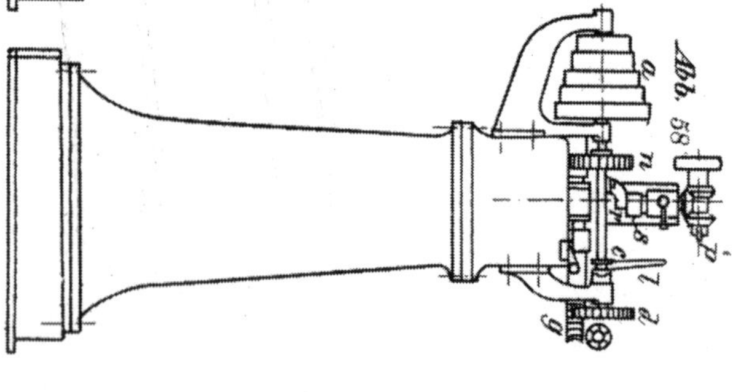

Abb. 58

drehende Bewegung der Bohrspindel und ihr Vorschub aus. Die Arbeitsbewegung wird durch die Räder *d* und *e* übertragen, wobei eine Schnecke *i* auf der Welle von *e* das am oberen Ende der Bohrstange *h* sitzende Schneckenrad *g* dreht, dessen Arme mit einer sich im oberen Gestellquerstück drehenden Büchse *i* verbolzt sind.

Der Vorschub wird von der Riemenscheibe *n* abgeleitet, die auf der Welle *c* angeordnet ist, wodurch die Scheibe *o* mit einem Kegelräder-Wendegetriebe *p* angetrieben wird, so daß eine in dem drehbaren Arm *q* gelagerte vertikale Welle gedreht wird, die eine Schnecke *s* trägt, die je nach der Größe der geforderten Schaltung fünf verschieden große Schneckenräder antreiben kann, von deren Achse aus durch einen Kegelradtrieb eine vertikale Welle gedreht wird, und ein Stirnrad ein anderes auf dem oberen Ende der in der Bohrhülse liegenden Leitspindel c_1 betreibt.

12. Bohrvorrichtungen und **Bohrlehren** werden beim Lochbohren in solchen Fällen angewendet, wo es auf sehr genaue Lage der Löcher gegeneinander oder zu bestimmten Punkten des Umfanges des Werkstücks ankommt, ohne anreißen zu müssen. Die richtige Lage der Löcher wird durch entsprechende im Bohrkasten gesichert, durch welche die Bohrer geführt werden. Müssen sehr viele Löcher auf diese Weise hergestellt werden, so pflegt man die Bohrschablone zu härten oder in die Löcher gehärtete Stahlbüchsen einzusetzen.

13. Überschläglicher Arbeitsbedarf von Bohrmaschinen in PS.

Einspindlige, gewöhnliche		Vertikal-Schnell-Bohrmaschinen	Radial-Bohrmaschinen		Zylinder-Bohrmaschinen		Wagerecht-Bohr- und Fräßmaschinen		Senkrechte Dreh- und Bohrwerke	
Loch Φ mm	PS	PS	Loch Φ mm	PS	Bohrstangen Φ mm	PS	Bohrspindel Φ mm	PS	Dreh Φ mm	PS
13	—	1	25	2—3	150	5	65	3	750—900	5
15	—	1,5	40	4—5	200	6	75	3—6	1000—1100	6—7,5
18	—	1,5	50	5,5—6	250	7	80	6	1250	8—12
20	1—1,5	—	60	4—8	300	8	90	7—8	1400	10
25	—	1,5—2	70	4—8	350	10	100	8—9	1500—1600	12—15
30	1,5—3	2—2,5	80	5—9	400	12	120	8—10	1900	14
40	2—4	2,5	90	6—10	450	16	140	10—15	2000	18
50	3—5	3—4	100	7—12	500	20	150	10—15	2500	20
60	—	4—5	125	10—15			165	15—20	3000	25—28
75	4—8	5—6					200	16—22	3600	25—28
100	5—10	5,5—10					220	20—22	4250	25—30
120	6—12						250	24—30	5000	30—40
							310	35—40		

II. Die Schraubenschneidmaschinen.

1. Zum Schneiden von Schraubengewinden können **gewöhnliche** und **Revolverdrehbänke** verwendet werden, wenn sie eine Einrichtung zur Anbringung einer Patrone *p* besitzen, die am hinteren Ende der Spindel angeordnet ist und zur Führung einer mit Handhebel *h* versehenen und um eine zur Drehbankspindel parallele Welle *w* drehbaren Backe dient (Abb. 59). Der Gewindeschneidstahl *s* sitzt dann am anderen Ende der Welle *w*, während der zu schneidende Bolzen an dem der Patrone entgegengesetzten Ende der Drehbankspindel in einem Futter eingespannt ist, so daß sich beim Drehen der letzteren das Werkzeug entsprechend der Führung durch die Patrone verschiebt und in den Bolzen Gewinde einschneidet.

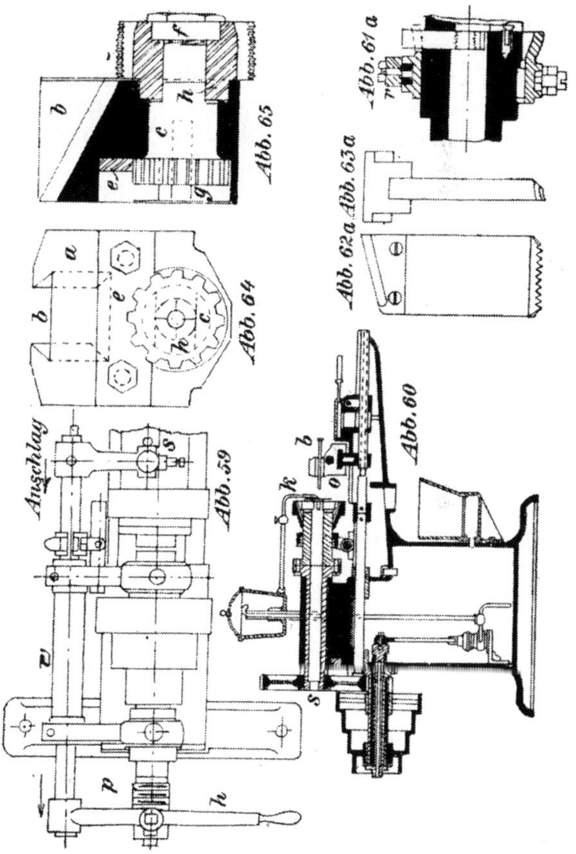

Abb. 59

Abb. 60

Abb. 61 a

Abb. 62 a

Abb. 63 a

Abb. 64

Abb. 65

Für Massenfabrikation von rohen Schraubbolzen aber werden Drehbänke mit hohler Spindel *s* verwendet (Abb. 60), die am vorderen Ende einen Schneidkopf *k* mit drei bis vier Schneidbacken trägt, während der zu schneidende Bolzen *b* in einem Spannstock *o* auf dem Bett eingespannt ist und dem Schneidkopf entgegengeschoben wird, bis ihn die Schneidbacken des Kopfes erfassen und in den hohlen sich drehenden Kopf hineinziehen. Jedoch kann auch die Anordnung umgekehrt werden, indem der Schneidkopf im Spannstock befestigt wird.

2. Die Hauptaufgabe des Schneidkopfes, die Gewindeschneidmesser gleichzeitig an den Bolzen anzusetzen und nach beendetem Schnitt abzuheben, ist auf die verschiedensten Weisen gelöst worden.

In Abb. 59 wird die Arbeitswelle von der Stufenscheibe durch ein Vorgelege angetrieben.

Wird sehr genaues Gewinde verlangt, so kommt eine von der Arbeitsspindel aus angetriebene Leitspindel zur Verwendung (Abb. 60), die den Spannstock gegen die Schneidbacken vorschiebt, nachdem ein Mutterschloß der Leitspindel geöffnet ist, was auch selbsttätig zugleich mit dem Öffnen der Schneidbacken geschehen kann.

3. Abb. 60 zeigt die Gewindeschneidmaschine der **Acme Machinery Co.** für Bolzen- und Muttergewinde. Die Einrichtung des Schneidkopfs zeigen die Abb. 61—63, S. 48. Der Körper *a* ist an die Arbeitsspindel der Maschine geschraubt, und sein freies Ende trägt stählerne Futter zur Aufnahme und Führung der Backen *b*. Ein mit *a* verschraubter Ring schließt die an einer Seite offenen Futter. An den Backen *b* sitzen Kappen, die sich mit ihren breiten Endflächen in Vertiefungen legen, die sich in dem Ringe *d* geneigt zu dessen Achse befinden. Seitliche Leisten der Kappen greifen in Abzweigungen dieser Vertiefungen ein, so daß die Backen *b* durch Verschieben des Ringes *d* auf *a* genau nach außen oder innen geschoben werden.

Zwei in *a* befestigte Leisten hindern den Ring, sich anders als mit der Arbeitsspindel zu drehen. In Abb. 63 ist ein sichelartiger Hebel *e* gelagert, den der Ring *f*, sobald er nach links oder rechts verschoben wird, so bewegt, daß Ring *d* mit Hilfe eines Gelenkstücks und des Bolzens *g* in gleichem Sinne verschoben wird. In seinen Endlagen wird der Hebel *e* durch den Ring *f* festgehalten. Zum genauen Einstellen der Endlage des Ringes *d*, bei welcher die Backen arbeiten, dient die Schraube *i*, und nach dem Einstellen wird *i* durch eine hohle Schraube festgelegt.

Um die Backen *b* in ihre richtige Lage zu bringen, bedarf es daher nur der Verschiebung des Ringes *f* durch einen Handhebel. Sobald die gewünschte Schraubenlänge geschnitten ist, werden die Backen vom Spannstock selbsttätig zurückgezogen, beim Zurückziehen des Spannstocks werden sie selbsttätig wieder zusammengeschoben.

Eine andere Ausführung eines Schneidkopfes zeigt Abb. 61a, bei dem die Schneidbacken, die selbst an den Seiten schräge Nuten besitzen (Abb. 62a, 63a), in Nuten des Kopfes sitzen und zugleich von Einschnitten eines Ringes gefaßt werden, die in die Backennuten eingreifen. Durch Verschiebung des Ringes *r* werden die Backen nach außen oder innen gezogen.

Ferner sind vielfach Schneidköpfe in Gebrauch, bei denen ein Ring mit exzentrischen Vorsprüngen in Nuten der Schneidbacken faßt, so daß die Backen durch Drehung des Ringes nach der einen oder der anderen Seite angesetzt oder ausgelöst werden können.

Auch runde, je mit 6—12 Schneiden versehene Messer werden oft benutzt (Abb. 64, 65), die sich durch einen gemeinsamen mit Innenverzahnung und Skala versehenen, verstellbaren Ring auf den gewünschten Durchmesser einstellen lassen, wobei ein geschlitzter mit Handhebel muttersehener Ring zum Festklemmen dient.

4. Beim **Fräsen von Gewinden** besitzt der scharfkantige Fräser allein die drehende Bewegung, während der in einem Spannstock befestigte Bolzen sich langsam mit dem vorrückenden Spannstock verschiebt, und zwar so, daß die Verschiebung der Achse des Bolzens der Steigung des zu schneidenden Gewindes entspricht. Die Anstellung des Steigungswinkels läßt sich auch durch Schrägstellung des Fräsers erzielen. Bei anderen Maschinen besitzt der Fräser Längsvorschub und dreht sich, während der Bolzen sich nur dreht.

5. Das **Walzen von Gewinden**, angewendet bei der Massenherstellung von Befestigungsschrauben mit feinem Gewinde in der Fahrrad-, Näh- und Schreibmaschinenindustrie, kann warm oder kalt geschehen. Im ersteren Falle wird der erhitzte Bolzen zwischen geriffelten Walzbacken gerollt und dadurch mit Gewinde versehen, wobei zugleich oft in derselben Maschine der Kopf angestaucht wird.

Beim Kaltwalzen werden zwei parallele Platten benutzt: die eine steht fest und ist mit dem Gewinde entsprechenden Furchen unter dem mittleren Steigungswinkel des Gewindes versehen, während die andere sich hin- und herbewegt und durch Druck auf den zwischengelegten Bolzen das bis zu etwa 20 mm herzustellende Gewinde auf ihm erzeugt.

III. Die Schleifmaschinen.

1. Schleifmaschinen haben in neuerer Zeit eine außerordentliche Verbreitung in der Werkstatt gefunden. Sie dienen hauptsächlich für zwei verschiedene Zwecke. Für hohe Genauigkeitsgrade und Sauberkeit der Herstellung haben vielfach Schleifmaschinen bei sicherer Führung des Arbeitsstückes die Fertigbearbeitung übernommen, die sonst durch Schlichten auf Drehbänken usw. bewerkstelligt wurde, und neben größerer Genauigkeit gestattet die Anwendung von Schleifmaschinen vielfach eine billigere Herstellung. Der hauptsächlichste Vorteil der Anwendung von Schleifmaschinen liegt in der Möglichkeit der Schaltung nach beiden Richtungen, der Breite der anzuwendenden Scheiben und der größeren Schaltvorschübe.

Daneben haben sich Schleifmaschinen als unentbehrliche Hilfsmittel für das Schärfen von Werkzeugen erwiesen, deren Lebensdauer sich durch sachgemäßes Anschleifen bedeutend verlängern läßt. Außerdem dienen sie für das Blankschleifen und Putzen von Arbeitsstücken, die dabei meist von Hand geführt werden.

Als Werkzeug dienen meist Scheiben aus künstlichem Schmirgel, Korund und künstlichem Karborund, die nicht heißlaufen dürfen, da sie sonst nicht schneiden. Vorwiegend wird Naßsch'eifen angewendet, um dieer zeugte Wärme abzuführen und den Schleifstaub für Maschine und Arbeiter unschädlich zu machen. Die Gleitbahnen der Bettschlitten müssen besonders gut gegen Staub geschützt sein, Abb. 66a zeigt einen Bettquerschnitt der Firma Schuchardt & Schutte. Je nach dem Zwecke der Schleifarbeit kommt grobes Korn für rohere Arbeiten, mittelfeines für Blankschleifen, feines Korn zum Feinschleifen, sehr feines Korn zum Schärfen feiner Werkzeuge in Frage, vgl. Sammlung Göschen Nr. 376 Wilda, *Die Materialien des Maschinenbaues und der Elektrotechnik.*

Der Gestalt der Scheiben nach stehen Teller- und Kegelscheiben in Anwendung, dem Rand gibt man je nach dem Zweck verschiedene Profile. Die Befestigung der Schleif-

Abb. 66.

scheiben erfolgt zweckmäßig durch hohlgedrehte Flanschen mit Pappzwischenlage (Abb. 66b).

Im allgemeinen nimmt beim Schleifvorgang der tangentiale Schnittwiderstand P mit wachsender Schaltung (Spanntiefe) zu, während erhöhte Schnittgeschwindigkeit die Größe von P vermindert.

Als der weitesten Anwendung fähig hat sich sowohl für Vollendungsarbeiten als für Werkzeugschärfen die Uni-

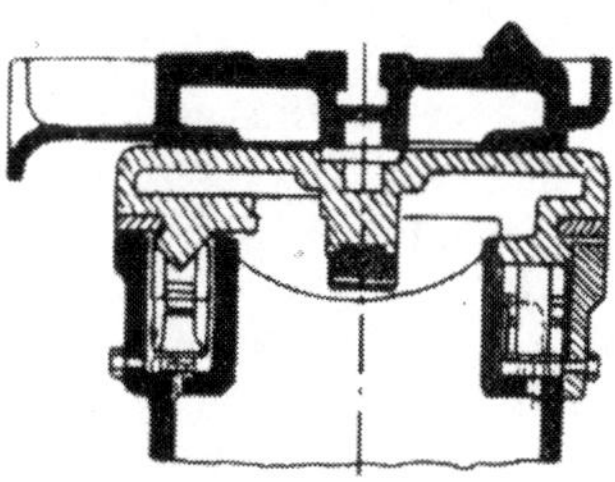

Abb. 66 a.

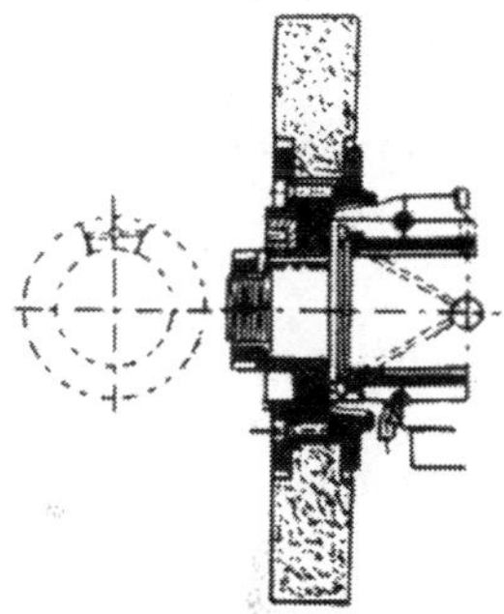

Abb. 66 b.

versalschleifmaschine erwiesen. da sich auf ihr fast alle vorkommenden Schleifarbeiten der Werkstatt ermöglichen lassen.

2. Die **Schleifmaschinen zur Bearbeitung von Maschinenteilen** werden für Putzen und Schlichten, Plan- und Rundschleifen, Schleifen von Bolzen, Zapfen und Wellen, zylindrischer oder konischer Form, zum Ausschleifen von Büchsen und Zylindern, sowie zum Abschleifen von Kolbenringen usw. benutzt. Sie werden mit horizontaler und vertikaler und beliebig neigbarer Schleifwelle gebaut.

Die Schleifarbeit läßt sich mit dem Fräsen vergleichen, nur daß bei ersterer weit kleinere Spannstärken, aber mit viel höherer Geschwindigkeit abgenommen werden, wobei ein Stumpfwerden, wie beim Fräsen, nicht eintritt, weil die stumpfgewordenen Schleifteilchen sich loslösen und durch scharfe ersetzt werden.

Die Schnittgeschwindigkeiten der Schleifmaschinen gehen nicht selten bis zu 40 m sekundlich hinauf. In besonderen Fällen, wie bei Vollendungsarbeiten sehr harter Stahlsorten, z. B. bei Manganstahl, läßt sich das Schleifen durch kein anderes Verfahren ersetzen.

Ein Haupterfordernis aller Schleifmaschinen ist besonders ruhiger Gang und gute Ausgleichung der bewegten Massen, da sonst die Genauigkeit des Schliffs leidet. Die Lagerung der Schleifspindel muß große Länge besitzen und möglichst staubdicht hergestellt werden.

a) **Außenrundschleifmaschinen** eignen sich zum genauen Rund- und Maßschleifen von zylindrischen oder konischen Maschinenteilen, Wellen, Walzen, Kolbenstangen, Eisenbahnachsen usw., die häufig auch auf einer Drehbank vorgeschrubbt und auf genaues Maß auf der Schleifmaschine geschlichtet werden. Die Teile werden zwischen den ruhenden Spitzen eines Spindel- und Reitstocks gehalten und durch eine gleichzeitig als Mitnehmerscheibe dienende Riemenscheibe in Bewegung gesetzt werden. Zum Schleifen von Stirnflächen an Ringen oder Ausschleifen von Büchsen lassen sich diese Maschinen ebenfalls verwenden. In diesem Fall wird das Aufspannfutter mit der rotierenden Spindel verbunden.

Abb. 66 zeigt eine Universal-Rundschleifmaschine von J. E. Reinecker, Chemnitz. Der Spindelstock ist auf mit Skala versehenem Unterteil einstellbar und der Schleifbock ruht auf einem drehbaren, in beliebigem Winkel einstellbaren Schlitten. Die Schleifscheibe ist außen fliegend gelagert. Der Tisch besitzt Selbstgang, der sich auf beliebige Länge einstellen läßt. Die obere Tischplatte ist drehbar und nach einer Teilung auf Winkelgrade oder Konizität einstellbar.

Abb. 67 zeigt schematisch die Einstellung beim Schleifen zylindrischer, Abb. 68 die konischer Stücke.

Beim Rundschleifen von Wellen läßt man meist die sich rasch drehende Schleifscheibe auf einem Support an dem zwischen Körner gespannten und sich langsam drehenden Werkstück entlanggleiten, bei der Bearbeitung schwerer Werkstücke dagegen gibt man dem Schleifrad die Arbeits- und Vorschubbewegung, während das Werkstück ruht.

b) Innenrundschleifmaschinen werden vorzugsweise zum Schleifen von Hohlkörpern benutzt, die größere Länge oder größeres Gewicht besitzen.

Sie werden mit stehender oder liegender Welle gebaut und arbeiten häufig in der Weise, daß die Achse der sich schnell drehenden Scheibe einen Kreis um die Achse der Bohrung beschreibt und außerdem die Scheibe an der zu bearbeitenden Zylinderfläche parallel der Zylinderachse hin- und hergleitet.

Nach der Bauart von J. E. Reinecker, bei der das Werkstück auf einer horizontalen Planscheibe befestigt wird, vollführt der Aufspanntisch die Drehbewegung, und der Schlitten der Schleifspindel wird selbsttätig auf- und abgeführt. Eine Verstellung der Schleifspindel gegen die Tischmitte durch seitliches Verschieben des Schleifbockes ergibt ohne weiteres die nötige Exzentrizität.

In der Abb. 70 ist eine Anordnung dargestellt, bei der die Arbeitsspindel in einer exzentrischen Büchse gelagert ist, durch deren Umlauf die Kreisbewegung zustande kommt.

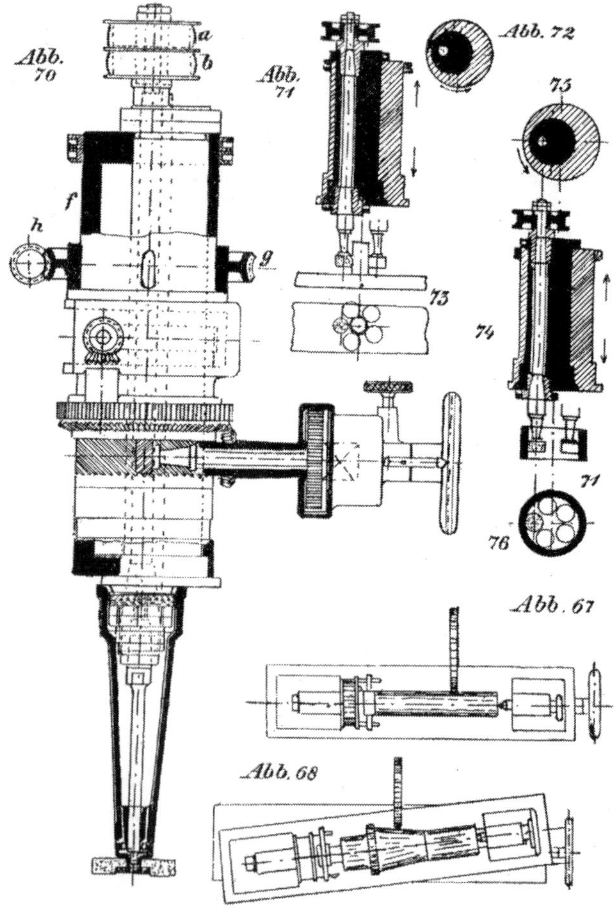
Abb. 70
a
b
f
h
g
Abb. 71
Abb. 72
73
73
74
71
76
Abb. 67
Abb. 68

Die Büchse selbst kann durch ein Schneckengetriebe während des Ganges der Maschine derart eingestellt werden, daß man den von der Schleifscheibe beschriebenen Kreis beliebig vergrößern oder verkleinern kann. Die Abb. 71—76 zeigen zwei verschiedene Einstellungen für das Exzenter. Zum Schleifen von geraden Flächen steht das Exzenter so, daß die Spindel genau in der Mitte liegt, also das Werkstück geradlinig an der Schleifscheibe vorbeibewegt wird. In Abb. 70—73 jedoch steht das Exzenter so, daß die Spindel einen Kreisbogen beschreibt, wobei sie außen oder wie in Abb. 74—76 innen arbeitet, um Zapfen oder Löcher zu schleifen.

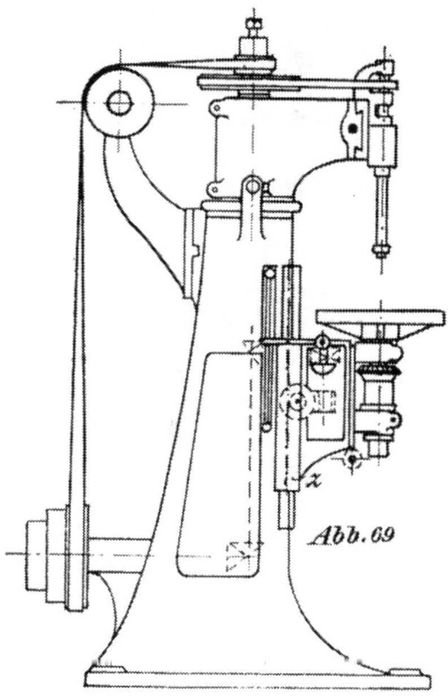

Abb. 69

Bei den Schleifmaschinen von Meyer & Schmidt wird die doppelte kreisförmige Bewegung der Schleifscheibe dadurch erreicht, daß ein Zahnrad *z* (Abb. 76a) in die Verzahnung auf dem Mantel eines Zylinders *c* eingreift, der sich innerhalb einer Hülse *h* verschieben läßt, wodurch *c* gedreht wird. Außerdem besitzt *c* eine geneigte Bohrung für einen zweiten

Zylinder *a* und dieser nimmt die in einer Bohrung gelagerte Schleifspindel *i* mit dem Antrieb auf, so daß die Exzentrizität der Schleifspindel durch die radiale Bewegung von *a* geändert wird.

Bei dieser Anordnung von Schmaltz (Abb. 70) erfolgt der Antrieb selbst durch ein Doppelriemengetriebe. Um das Auf- und Niedergehen der Spindel zu ermöglichen, ist das Vorgelege schwingend eingerichtet, wobei ein Gegengewicht zum Ausgleich dient. Der endlose Arbeitsriemen läuft über die Scheiben *a* und *b*, die auf der die Schleifscheibe tragenden Welle aufgekeilt sind. Ein anderer Riemen treibt mittels einer Scheibe die Schnecke *h* an, die den hohlen Zylinder *f* durch das Schneckenrad *g* bewegt. Um die Hauptwelle der Maschine während des Ganges der Maschine mehr oder weniger exzentrisch an dem Zylinder *f* einstellen zu können, ist ein Handrad mit Mikrometerschraube angeordnet, das unter Zwischenschaltung eines Ausgleichsgetriebes die nötige Verdrehung ermöglicht.

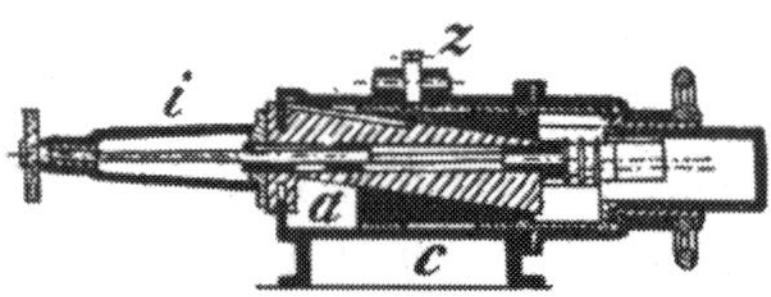

Abb. 76a.

c) **Flächenschleifmaschinen** dienen zum Schleifen ebener Flächen an Führungen usw. Das Arbeitsstück verschiebt sich in der einen Richtung hin und her, während es selbst oder die Schleifscheibe gleichzeitig senkrecht zu dieser Bewegung geschaltet wird. In Abb. 77 einer Ausführung von J. E. Reinecker ist die Schleifscheibe fliegend angeordnet, und der Tisch hat sich selbsttätig umschaltenden Längswechselgang. Bei jedem Bewegungswechsel des Arbeitsstückes steuert die Schleifscheibe selbsttätig quer.

Abb. 77.

3. Die **Werkzeugschleifmaschinen** lassen sich zum Schärfen von Gewindebohrern, Reibahlen, Fräsern mit geraden oder gewundenen Zähnen verwenden. Für das Schär-

fen nicht hinterdrehter Werkzeuge kommt die Tellerscheibe (Abb. 82) in Anwendung, wobei die Stirnseite des Schleifringes schleift.

Hinterdrehte Fräser werden mit abgeschrägten Scheiben geschärft, deren Kegelfläche schleift.

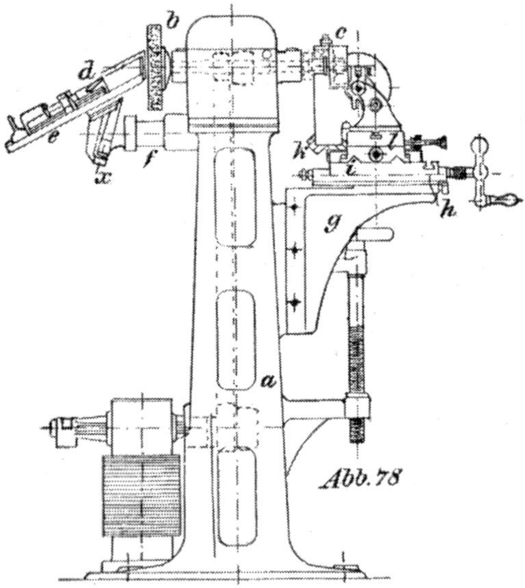

Abb. 78

a) Eine **Universalschleifmaschine** für Fräser und Reibahlen mit elektrischem Antrieb zeigt Abb. 78, deren durch eine Schraube in der Höhe verstellbarer Winkeltisch aus einem Längsschlitten, einem Querschlitten und einem Aufspanntisch *i* besteht.

Die Schleifscheibe *b* dient zum Schleifen eines Spiralbohrers, der in einer Rinne von winkelförmigem Quer-

Abb. 79.

schnitt liegt und sich mit seinem Zapfenende gegen eine einstellbare Fläche stützt. Die Rinne ist um die schrägstehende Achse drehbar. Der Schleifstein dient für Fräser und Reibahlen, kann aber auch für Rundschleifen verwendet werden. Der Winkeltisch *g* trägt die Wendeplatte *h*, die

Abb. 80.

den Schlitten *i* und den auf ihm geführten Schlitten *k* um eine lotrechte Achse zu drehen und in der gewünschten Lage festzuhalten hat. Auf *k* endlich ruht die Platte *l*, die gegen die Führungen von *i* durch Schrauben etwas geneigt eingestellt werden kann und zur Befestigung der die zu schleifenden Gegenstände aufnehmenden Teile dient.

b) Die Tischbewegung kann unter Vorschaltung eines Kegelräder-Wendegetriebes erfolgen, wobei die Umkehr durch Anschläge oder besser durch Zahnrad und Zahnstange

Abb. 81

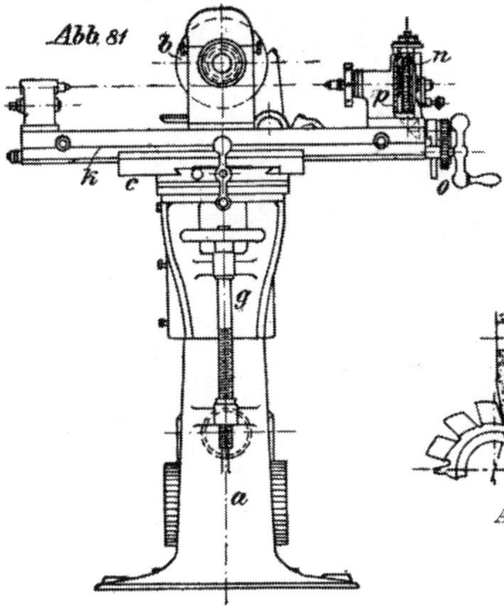

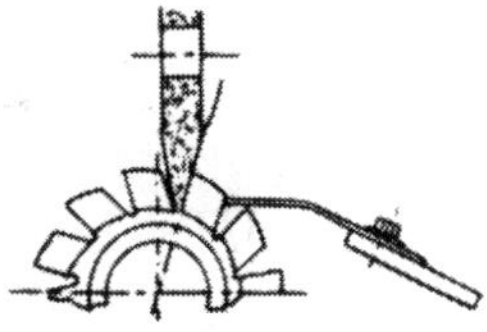

Abb. 82.

bewirkt wird, weil in der Kupplung des Wendegetriebes leicht eine kleine Stoßwirkung auftritt.

c) Walzenfräser werden der schleifenden Tellerscheibe mit dem Tisch zugeschoben, während zu schärfende Spiralfräser zugleich gedreht und vorgeschoben werden müssen; ersteres geschieht häufig durch einen Stellfinger *f*, der aber zweckmäßig an dem Zahn anliegt, der zurzeit geschliffen

Abb. 83.

Abb. 84.

wird. Die Zahnauflage soll stets am Rücken des zu schleifenden Zahns anliegen (Abb. 82).

d) Zu schleifende Scheibenfräser werden mittels eines

zwischen die Zähne fassenden Stiftes durch ein Handrädchen gedreht.

Abb. 85.

4. Zwei Ausführungen von Werkzeugschleifmaschinen von J. E. Reinecker, Chemnitz, sind in den Abb. 79 und 80 dargestellt.

In Abb. 79 ist elektrischer Antrieb vorhanden, die Umschaltung und Längsbewegung des Tisches geschieht selbsttätig, während Abb. 80 außerdem einen Spiralkopf zeigt,

Abb. 86.

der beim Schleifen spiralgenuteter hinterdrehter Fräser für die genaue Aufrechterhaltung des Schnittprofils des Fräsers und die genaue Beibehaltung der Spirale erforderlich ist.

Die Teilung wird hierbei durch Teilscheiben *n* (Abb. 81), die Spiralsteigung durch Wechselräder erzielt. Der Schliff wird durch Verdrehung des Fräsers mittels einer vorhandenen Stellscheibe bewirkt.

5. Verschiedene Arten von Anstellungen der Schleifscheibe zeigen die Abb. 83—86, und zwar Abb. 83 das Schleifen eines spiralgenuteten Werkzeugs durch eine Tellerscheibe, Abb. 84 das Schleifen eines Scheibenfräsers, Abb. 85 das Schärfen eines hinterdrehten Fräsers mit geraden Nuten unter Anwendung einer abgeschrägten Scheibe und Abb. 86 das Schleifen eines spiralgenuteten hinterdrehten Fräsers unter Anwendung eines Spiral- und Teilkopfes.

6. Eine Schleifmaschine von Mayer & Schmidt mit der Einrichtung zum Schleifen von Nocken ist in den Abb. 87 und 88 dargestellt, deren Einrichtung nach dem Vorhergehenden verständlich sein dürfte.

Für die verschiedenen Zwecke finden sich noch die verschiedensten Spezialbauarten von Schleifmaschinen, so z. B. für Kugellager, Kolbenringe, Drehbankkörnerspitzen usw.

7. Überschläglicher Arbeitsbedarf von Schleifmaschinen:

Rundschleifen		Flächenschleifen			Schleifscheiben	
Scheiben Φ mm	Arbeitsbedarf PS	Scheiben Φ mm	Arbeitsbedarf PS		Scheiben Φ und Breite mm	Arbeitsbedarf in PS
250	5—8	175	2	Flachscheibe	150.12	0.5—1
300	6—10	200	3		250.25	2—3
500	10—15	250	4		350.35	3—5
600	15—25	200	5	Topfscheibe	500.50	6—8
		400	20		600.75	10—12

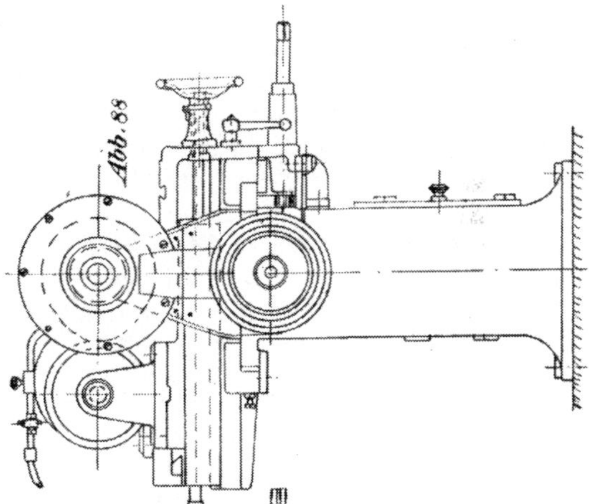

Abb. 88

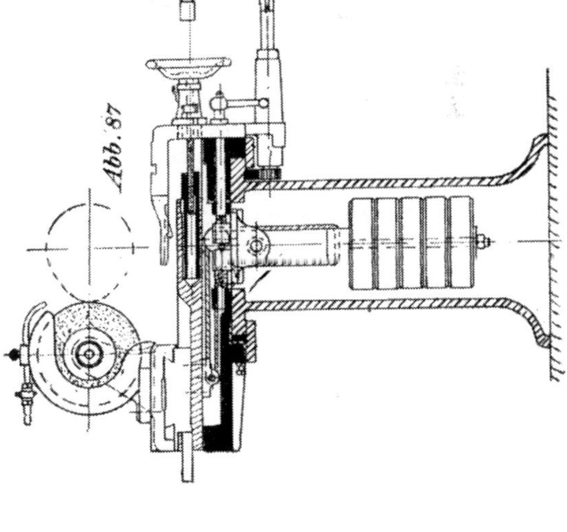

Abb. 87

IV. Die Herstellung von Zahnrädern auf Werkzeugmaschinen.

1. Nach der Art der Werkzeuge muß zunächst Fräsen, Hobeln und Stoßen der Zähne unterschieden werden, nach der Art der Arbeit der Werkzeuge sind zwei Verfahren in Verwendung, das Teilverfahren und das Abwälzverfahren.

Bei dem Teilverfahren hat das Werkzeug die Form der zu schneidenden Lücke und eine Zahnlücke nach der anderen wird in voller Breite geschnitten, während nach dem Abwälzverfahren das geradflankig ausgebildete Werkzeug durch seine Arbeitsweise die Kurve der Zahnlücke erst erzeugt und daher sämtliche Zahnlücken zu gleicher Zeit angefangen und fertiggestellt werden.

2. Stirnräder mit geraden Zähnen.

a) Herstellung nach dem **Teilverfahren.**

α) *Herstellung auf Fräsmaschinen.* Als Werkzeug dient ein der Zahnlückenkurve entsprechend geformter Scheibenfräser (Abb. 89), die schematische Darstellung der Maschine gibt Abb. 90, die des Arbeitsvorganges Abb. 91.

Die Kurve der Zahnlücke ändert sich mit der Zähnezahl des zu schneidenden Rades und zwar um so mehr, je kleiner diese wird. Eine gewisse Anzahl Zahnkurven von bestimmter Teilung läßt sich mit demselben Profilfräser schneiden. Diese Frässersätze werden für kleinere Teilungen 8-, für größere 14-teilig ausgeführt, wobei das Schnittprofil der jeweils kleinsten Zähnezahl der Satznummer entspricht, so daß die Fräsergrößen durch den Modul (Teilung : π) bestimmt sind. Damit die Fertigfräser möglichst lange scharf bleiben. werden vorteilhaft Zahnvorfräser benutzt (Abb. 92) und beide Fräser können gleichzeitig oder nacheinander arbeiten.

Die Fräser sind so hinterdreht, daß die Form der Zähne durch Nachschleifen der Fräserzahnbrust nicht geändert wird. Die Einstellung der Fräser muß genau auf die Mittel-

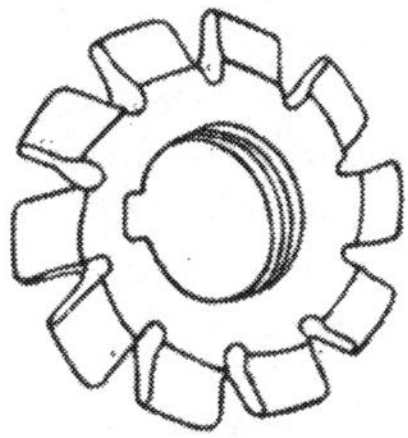

Abb. 89.

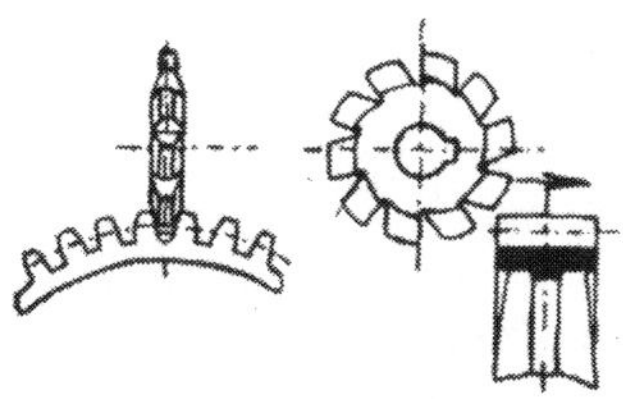

Abb. 91.

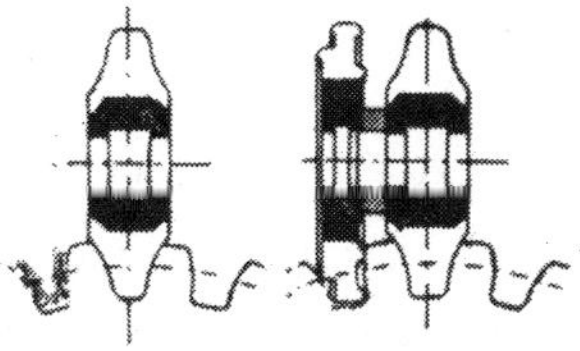

Abb. 92.

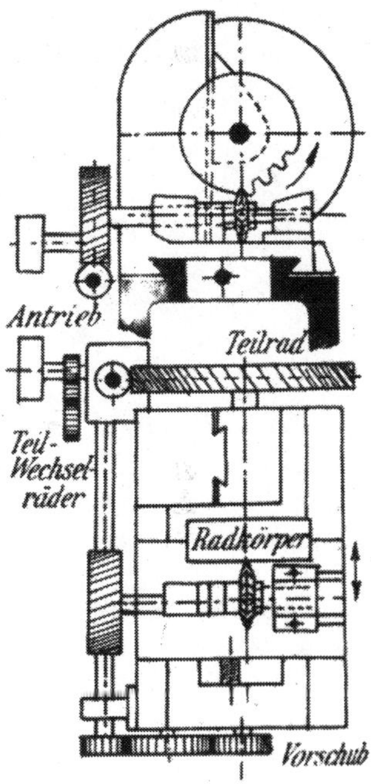

Abb. 90.

ebene der Zahnlücke und richtige Zahntiefe erfolgen. Neuerdings werden die fertig gefrästen Räder nachgeschliffen oder nachgeschmirgelt.

Bei den selbsttätigen Räderfräsmaschinen (Abb. 90)

wird das Rad auf einem Dorn befestigt, der in der Hauptspindel der Maschine sitzt, die am anderen Ende das Teilrad trägt. Während des Fräsens steht der Radkörper still und der Fräser muß durch die eben geschnittene Zahnlücke leer mit beschleunigtem Rücklauf zurückgehen und das Rad durch den Teilkopf eine Zahnlücke weiter geschaltet werden. Ehe der Vorschub von neuem beginnt, bleibt der Frässchlitten stehen, bis die Schaltung selbsttätig erfolgt ist. Der Fräser wird senkrecht zur Radebene und in der Richtung seiner Ebene geschaltet.

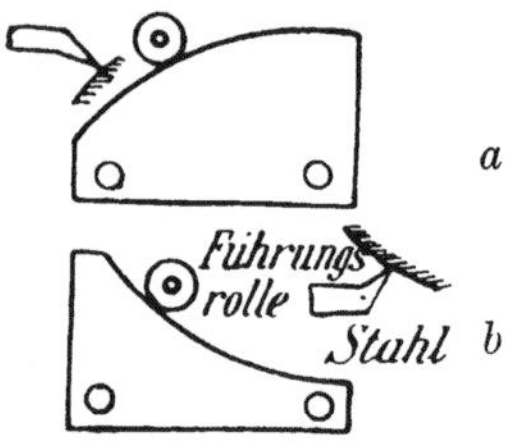

Abb. 93.

Genau arbeitende Räder lassen sich nur schwer herstellen, da genaue Teilung, genauer Achsenabstand, schlagfreie Aufspanndorne nie völlig zu erreichen sind.

Wenn das Verfahren auch schnelle und einfache Handhabung zuläßt, und sich glatte und saubere Zahnflächen erreichen lassen, so ist doch die einseitige Erwärmung nicht ohne Einfluß auf die Genauigkeit der Teilung.

Für größere Teilungen, für die die Fräser zu teuer werden, geht man zur Herstellung durch Hobelstähle über.

β) *Herstellung auf der Hobelmaschine.* Das Werkzeug ist ein der Zahnlückenform entsprechender Hobelstahl. dessen Bewegung durch eine Zahnformschablone (Abb. 93a, 93b) gesichert ist. Die Gestalt der Zahnformschablone hat in vergrößertem Maßstab die Gestalt der herzustellenden Zahnlücke. Zum Hobeln sämtlicher Teilungen genügen drei Stähle. Arbeitet nur ein Werkzeug, so muß für jede Teilung ein besonderer Stahl verwendet werden.

Für einen Teilkreis und also für einen bestimmten Ab

wicklungsgrundkreis gibt es nur eine Evolvente, so daß Zahnformschablonen für alle Zähnezahlen und Teilungen innerhalb dieser Größen verwendet werden können; sie werden daher nach Teilkreis-Durchmessern eingeteilt. Die Schablonen, ein- oder doppelseitig hergestellt, werden nach dem Kopierverfahren maschinell von einer vielfachen Vergrößerung für normale Größen gefräst. Da die Stähle mit der Spitze arbeiten und bei härterem Material schnell

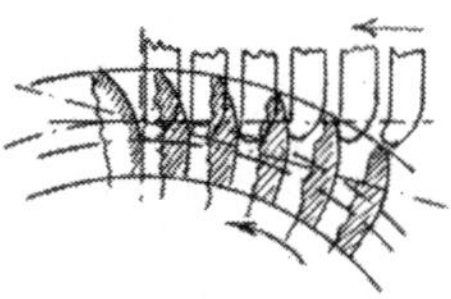

Abb. 94.

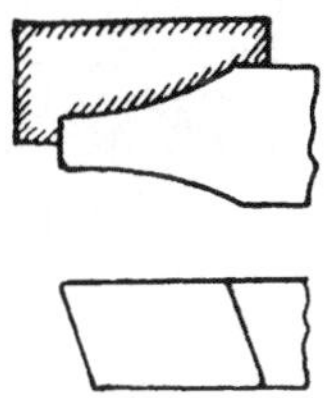

Abb. 95.

stumpf werden, ist die Genauigkeit und Sauberkeit der Zahnflanken nicht sehr groß.

Bei einem anderen Herstellungsvorgang (Abb. 94) bewegt sich das Werkzeug während des Hobelns in einer Tangente am Fußkreis mit der Geschwindigkeit des Fußkreises.

γ) *Herstellung auf der Stoßmaschine.* Bei geringen Ansprüchen an Genauigkeit kann ein Stoßwerkzeug von der Form der fertigen Zahnlücke (Abb. 95) benutzt werden. Da die Form des Stahls meist nach Lehren mit der Hand hergestellt wird, sind unvermeidliche Fehler vorhanden. Stoßarbeit kommt vorwiegend dann in Frage, wenn anormale, weniger genaue Verzahnungen vorhanden sind. Größere Teilungen und hartes Material können nicht gestoßen werden, wohl aber Innenverzahnungen. Die gestoßenen Zahnflanken sind sauber und glatt.

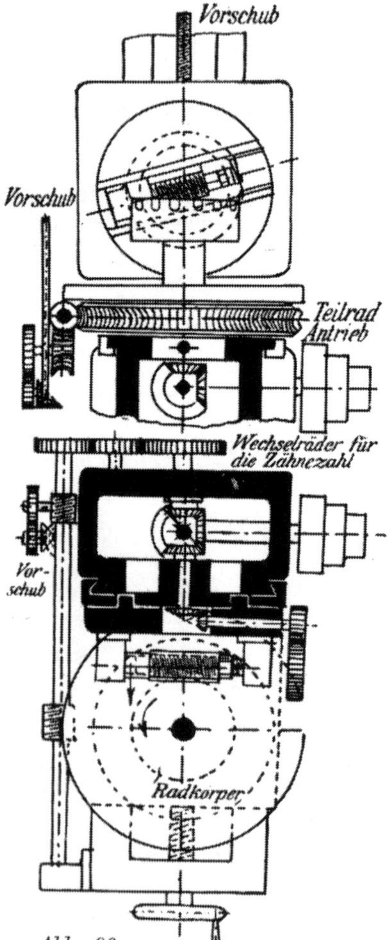

Abb. 96.

b) Abwälzverfahren.

α) *Herstellung auf Fräsmaschinen.* (Abb. 96.) Als Werkzeug dienen schneckenförmige, hinterdrehte Fräser mit geradlinigen Schneidkanten (Abb. 97), die sich leichter und genauer als profilierte Fräser herstellen lassen. Der eingängige Schneckenfräser steht um den mittleren Steigungswinkel seines Schraubenganges gegen die Radebene geneigt (Abb. 98) und wird senkrecht dagegen geschaltet. Die Umfangsgeschwindigkeit des zu fräsenden Rades muß gleich der durch die Fräserschaltung entstehenden Profilverschiebung sein. Alle Zahnlücken werden gleichzeitig gefräst und zwar an der einen Seite beginnend und über die Radbreite fortschreitend. Für jede Teilung, die in der Schnitt-

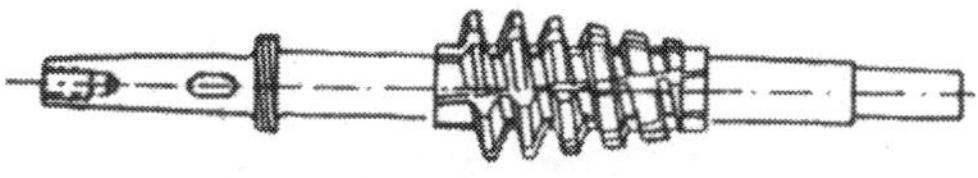

Abb. 97.

spirale zu messen ist, wird nur ein Fräser für alle Zähnezahlen nötig. Die Erwärmung, über den ganzen Radumfang verteilt, wie auch die Umfangsteilfehler werden geringer, als bei dem Teilverfahren.

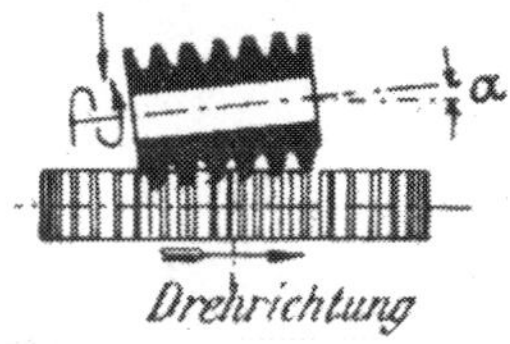

Abb. 98.

Bei kleinen Zähnezahlen besonders sind die Zahnflanken nicht völlig glatt und sauber und bei großen Zahnbreiten können durch Abdrücken des Fräsers leicht schiefe Zähne entstehen.

Bei hartem Material entstehen recht hohe Werkzeugkosten. Verwendbar ist das Verfahren bis etwa 45 mm Teilung.

β) *Herstellung auf Hobelmaschinen*[1] (Abb. 99). Gehobelte Stirnräder genügen weitgehenden Anforderungen und sind besonders für hohe Drehzahlen geeignet. Das Werkzeug ist ein einfacher dreikantiger, geradflankiger Hobelstahl, der leicht genau geschliffen werden kann. Die Zahnflanken fallen glatt und sauber aus und der Zahneingriff solcher Räder ist weich. Größere Räder lassen sich jedoch nicht herstellen.

Bei dem nach Abb. 100 arbeitenden Abwälzungsvorgang hat das Werkzeug die genau herzustellende Zahnform und während des Hobelns werden das hin- und hergehende

Werkzeug und Werkstück um entsprechende Größen gedreht, wobei ein oder zwei Umdrehungen des Werkstücks für die Herstellung der Zähne genügen. Besondere Drehvorrichtungen für die Teilung sind hier nicht vorhanden

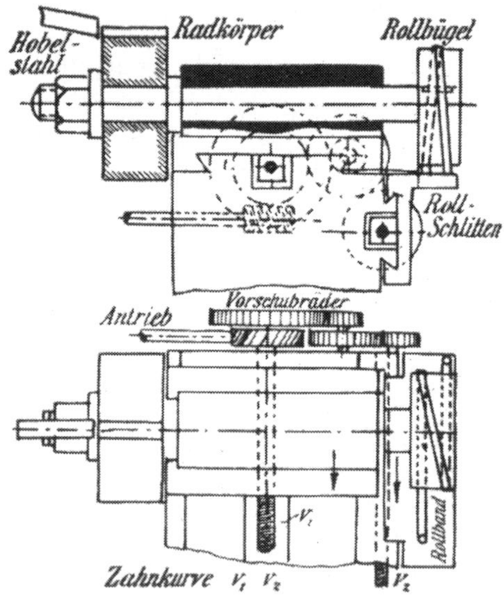

Abb. 99.

und ein Werkzeug genügt, um alle Räder gleicher Teilung herzustellen.

γ) *Herstellung auf Stoßmaschinen* (Abb. 101). Die erzeugten Zahnkurven sind keine theoretisch genauen Evolventen, sondern Gegenprofile, die ein als Schneidwerkzeug ausgebildetes, genaues Evolventenrad aus gehärtetem Stahl beim Abwälzen auf dem zu schneidenden Rade ausschneidet

(Abb. 102). Das Schneiderad ist für jede Teilung verschieden, innerhalb einer Teilung aber für alle Zähnezahlen zu verwenden. Die Herstellung des Werkzeugs ist schwierig, hierzu sind besondere Schleifmaschinen nötig. Für größere Räder und Teilungen sind diese Maschinen nicht geeignet. Dagegen ist es möglich, genau abgewickelte Innenverzahnungen herzustellen, die sich sonst nach dem Abwälzverfahren durch Fräsen und Hobeln nicht herstellen lassen und beim Teilverfahren besondere Innenverzahnungs-Vorrich-

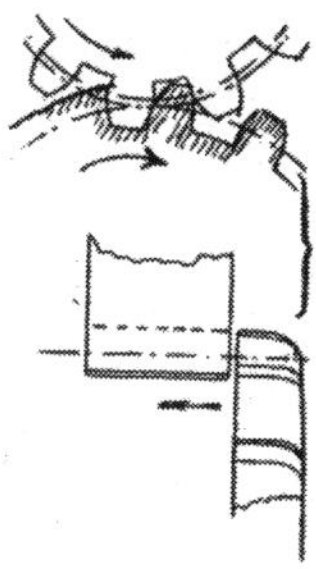

Abb. 100.

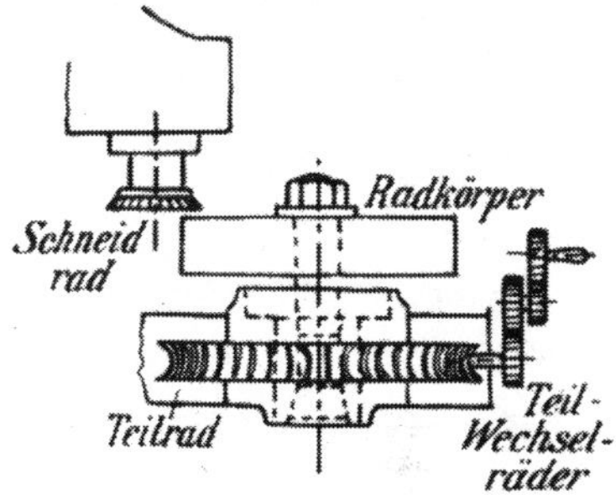

Abb. 101.

tungen nötig machen. Beim Stoßen führt das Werkzeug nur eine senkrechte Bewegung aus. Beim Rückgang werden unter gleichzeitiger Abhebung des Stoßzahns Werkstück und Werkzeug mit gleicher Teilkreisgeschwindigkeit weitergeschaltet.

Bei anderen Herstellungsverfahren werden die Kanten der Zähne eines Stirnrades als Schneidkanten benutzt und die genaue Gestalt der Zahnflanken des Werkstücks wird dadurch erreicht, daß sich das Werkzeug gegenüber dem Werkstück nach jedem Schnitt ein wenig so dreht, wie es sich drehen würde, wenn es als Zahn mit dem fertigen

Werkstück in Eingriff wäre. Der arbeitende Zahn dringt schrittweise bis zur Zahnwurzel vor, wobei die Lücke durch Abwälzung des Werkzeugs in dem Werkstück entsteht. Ein Schaltwerk dreht Werkzeug und Werkstück ruckweise weiter.

Beide Drehungen müssen genau in demselben Verhältnis stattfinden, weshalb ihre Antriebsmittel durch Wellen und Räder gekuppelt sein müssen.

Statt des als Stirnrad ausgebildeten Werkzeugs sind auch Anordnungen mit einem Stoßzahn vorhanden.

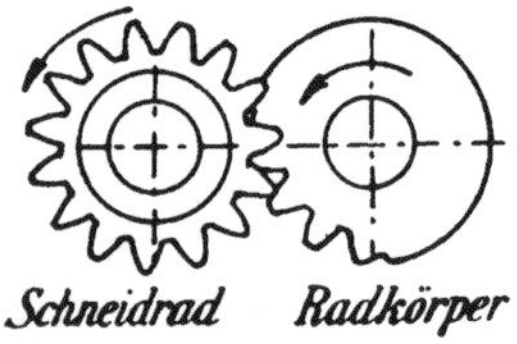

Abb. 102.

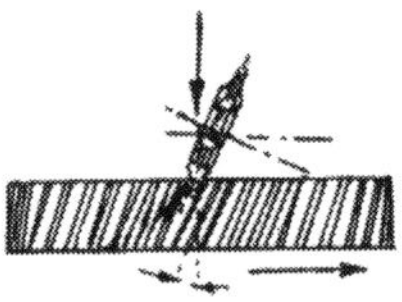

Abb. 103.

3. Stirnräder mit schraubenförmigen Zähnen. Für Räder mit parallelen oder sich kreuzenden Achsen und für rechts- oder linksgängige Räder lassen sich dieselben Sondermaschinen verwenden.

a) Teilverfahren.

Herstellung auf Fräsmaschinen. Das Werkzeug ist ein profilierter Scheibenfräser (Abb. 103), der in der Richtung des Steigungswinkels die Zahnlücken ausschneidet, also parallel zu den zu fräsenden Zähnen steht. Gleichzeitig dreht sich das Rad um seine Mittelachse entsprechend dem Vorschub des Fräsers, der leer durch die Zahnlücken zurückgeht, worauf das Rad um eine Teilung weitergeschaltet wird. Hat das Werkstück eine Umdrehung gemacht, so muß das Werkzeug einen Weg zurückgelegt haben, der dem Sprung der Zähne entspricht.

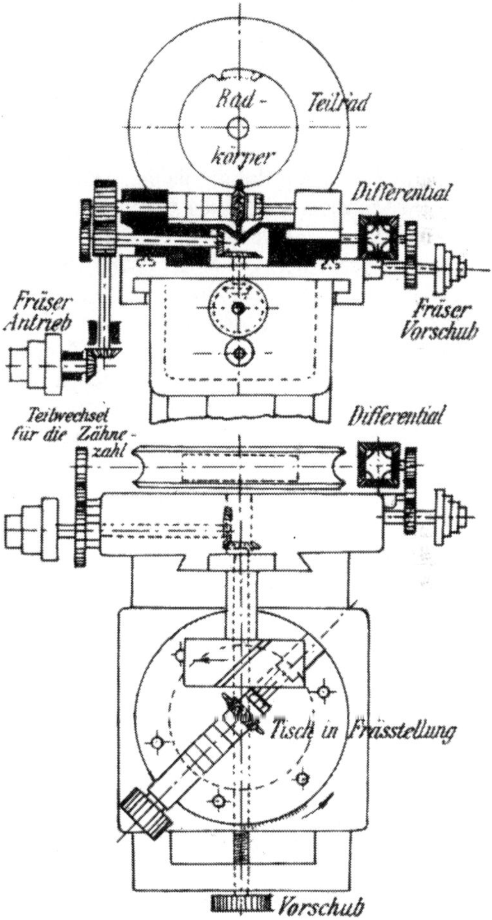
Rad-
körper
Teilrad
Differential
Fräser
Antrieb
Fräser
Vorschub
Teilwechsel
für die Zähne-
zahl
Differential
Tisch in Frässtellung
Vorschub

Abb. 104.

b) Abwälzverfahren.

α) *Abwälzfräsmaschinen* (Abb. 104) mit einem schneckenförmigen Fräser, dessen Modul der Normalteilung des Schraubenrades entspricht, sind wegen der größeren Genauigkeit am meisten im Gebrauch.

Das Rad muß, entsprechend dem Fräservorschub, eine Zusatzdrehbewegung vollführen, die entweder durch Einbau eines Differentialgetriebes oder durch Einrechnung der Zusatzdrehung in die Teilwechselräder erreicht wird. Der Frässchlitten ist drehbar, so daß der Fräser die Zahnlücke dem Steigungswinkel des Rades entsprechend anschneiden kann. Der Steigungswinkel des Fräsers muß bei rechtsgängigen Rädern von dem Radsteigungswinkel abgezogen, bei linksgängigen addiert werden.

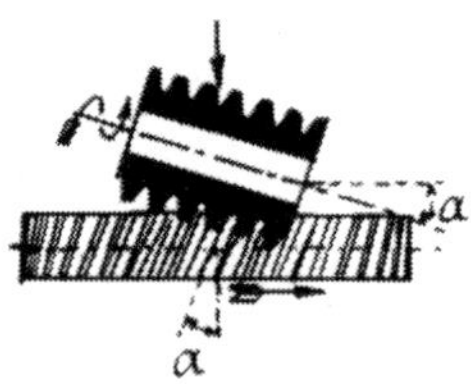

Abb. 105.

Der Fräser wird senkrecht zur Radebene geschaltet (Abb. 105) und das Rad dreht sich während des Fräsens um seine Achse. Die Umdrehungsgeschwindigkeit des Werkstücks ist so zu ändern, daß es gegenüber dem Vorschub des Fräsers eine Umdrehung gewinnt oder verliert.

In Abb. 105a ist eine derartige Maschine von J. E. Reinecker dargestellt.

β) Die *Stoßmaschinen* für Stirnräder mit schraubenförmigen Zähnen weichen ebenso wie die für Stirnräder in der Zahnkurvengestaltung von den Fräsmaschinen ab. Als Werkzeug dient ein schraubenförmiges Schneidzeug mit genauer Evolventenverzahnung, das die zur Erzeugung der schraubenförmig gewundenen Zahnlücke erforderliche Abwälz- und Zusatzdrehbewegung ausführt, wobei sich das Werkstück gleichförmig um seine Mittelachse dreht. Die

Zahnkurve ist auch hier das Gegenprofil der Zahnevolvente, im übrigen gilt das für Stirnräder S. 83 Gesagte.

Abb. 105 a.

Durch die Möglichkeit der Herstellung von Innenverzahnungen mit schraubenförmigen Zähnen bieten diese Maschinen besondere Vorteile, da diese Räderart auf keiner anderen Maschine erzeugt werden kann.

4. Stirnräder mit Pfeilzähnen, nicht zu verwechseln mit Doppelschraubenzähnen, werden nach dem Teilverfahren bearbeitet.

Das Werkzeug ist ein sog. Fingerfräser (Abb. 106), ein profilierter Fräser, dessen Evolventenprofil sich in der Form der zu schneidenden Lücke um seine Symmetrieachse dreht. Die Zahnlückenweite ist in der Normalteilung zu messen.

Das Arbeitsstück führt die zur Erzeugung der schraubenförmigen Zahnlücke erforderliche gleichförmige Kreisbewegung aus; in der Mitte der Zahnbreite, oder bei mehrstufigen Rädern an einer anderen Stelle, wird eine gegenläufige Bewegung durch eine Umkehrvorrichtung eingeleitet, wodurch der entgegengesetzte Steigungswinkel entsteht. Die Umkehrvorrichtung, der wichtigste Teil dieser Maschine, ist ein Kegelrad-Wendegetriebe mit Innenverzahnung, das direkt auf das Teilrad einwirkt.

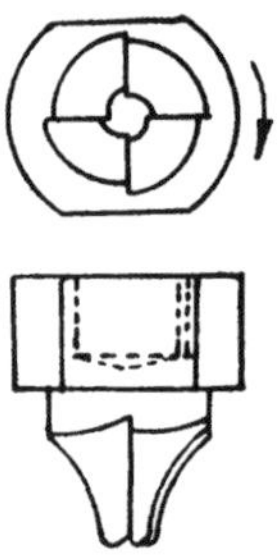

Abb. 106.

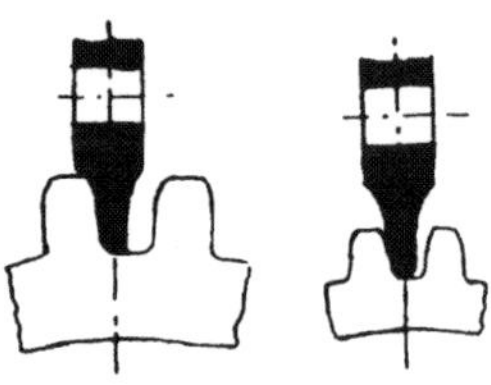

Abb. 106 a.

5. Kegelräder.

a) Teilverfahren. Das *Fräsen* mit dem Zahnradfräser wird selten mehr benutzt, da die Genauigkeit nicht groß ist.

Der Fräser hat die Form der größten Zahnflanke (Abb. 106a), ist aber so schmal, daß er durch die kleinste Zahnlücke hindurchgehen kann. Vor Beginn des Fräsens muß eine mittlere Kegelseitenlinie durch Schrägstellung des Teilkopfes etwas schräge eingestellt werden, damit die

Schaltung des Tisches oder des Fräsers in der nach der Kegelspitze verlaufenden Seitenlinie verlaufen kann.

Darauf werden alle rechten, dann alle linken Zahnflanken gefräst, wobei aber nur die größte Zahnflanke die genaue Form erhält, so daß Nacharbeit mit der Feile nicht zu umgehen ist. Die Zahnformen werden um so ungünstiger, je kleiner die Zähnezahl und je größer die Zahnlänge ist.

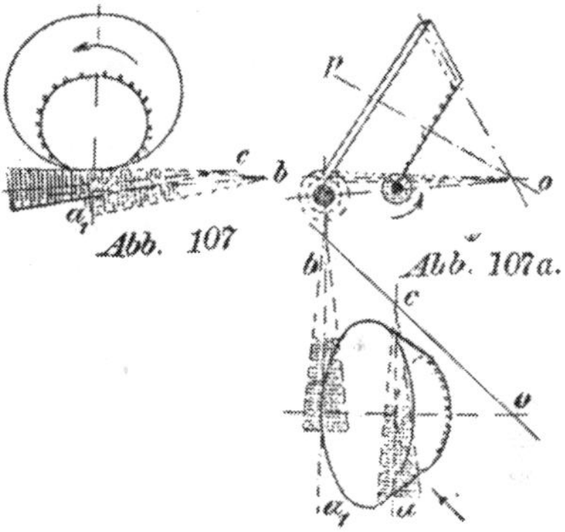

Abb. 107 Abb. 107 a.

b) Abwälzverfahren.

α) Herstellung auf der Fräsmaschine.

1. Kegelförmige Schneckenfräser (Abb. 97), deren Teilung über die Länge des Fräsers sich in einem bestimmten Verhältnis ändert, haben vielfache Verbreitung gefunden. Der Fräser wird dabei unter einem Winkel zur Radachse geführt, so daß der Vorschub so erfolgt und der Fräser stets mit derjenigen Zahnteilung schneidet, wie es der jeweiligen Teilung des Kegelrades entspricht. Das Rad dreht sich (Abb. 107, 107a) um die Achse *op*, der Fräser um *cd*. Beim Beginn des Schneidens arbeitet das verjüngte Ende des Fräsers

und erzeugt die kleinste Teilung des Kegelrades, beim weiteren Arbeiten rückt er in der Richtung *o b* weiter. Da alle Zahnkanten sich in *o* schneiden, ist genaue Proportionalität vorhanden. Die Umfangsgeschwindigkeit des Werkstücks muß dabei dem Längsvorschub des Fräsers entsprechend wechseln. Durch Änderung der Neigung von *o b* lassen sich auch schraubenförmige Zähne herstellen.

2. Bei der Kegelradfräsmaschine von Warren arbeiten zwei sich drehende Fräser, die sich allmählich nach der Kegelspitze vorschieben und außerdem ebenso wie das Arbeitsstück eine schwingende Bewegung ausführen, geradeso, als wenn die Fräser Zähne eines Stirnrades wären, das in das Werkstück eingreift. Die kegelförmigen Fräser besitzen so kleine Durchmesser, daß sie auch die Lücke der kleinsten Zahnteilung durchlaufen können.

3. Bei der Kegelräder-Fräsmaschine von Beale schneiden zwei gegeneinander geneigte Messerköpfe mit ihrer Planebene durch die hin- und hergehende Wälzbewegung beide Flanken der gleichen Zahnlücke aus.

β) *Herstellung auf Hobelmaschinen.* Genaue Zahnformen lassen sich bei Kegelrädern nur durch Hobeln auf Sondermaschinen herstellen.

1. Teilverfahren. Hier wird eine Schablone im vergrößerten Maßstab benutzt, die entweder den Hobelstahl oder das Arbeitsstück führt. In letzterem Falle macht der Stahl eine hin- und hergehende, nach der Kegelspitze gerichtete Bewegung.

Bei der Maschine von Gleason kommen zwei Stähle zur Anwendung, die, nachdem sie dem Zahngrund des stillstehenden Rades allmählich genähert, beide Zahnflanken schneiden, indem die Stähle mittels Schneiden an zwei. die Zahnflanken einhüllenden Kurven geführt werden.

2. Wälzverfahren. Die Zahnflanken werden nach

Abb. 108.

dem Grundsatz erzeugt, daß man das herzustellende Rad mit einem Kegelrad von 180° Spitzenwinkel zusammenarbeiten läßt, das bei Evolventenverzahnung geradflankige Zähne besitzen würde. Das hin- und hergehende Werkzeug mit geraden Schneidkanten muß daher die entsprechende Neigung von 74,5° besitzen.

Bei der Maschine von Bilgram entsteht durch Abrollen des Rades auf der Flanke des Hobelstahls eine theoretisch genaue Evolventenverzahnung. Die Abwälzbewegung wird (Abb. 108) durch einen Rollbogen auf der Spindel des zu erzeugenden Rades erzeugt, dessen Form durch einen zur Abwicklungsebene senkrechten Kegelschnitt dargestellt wird.

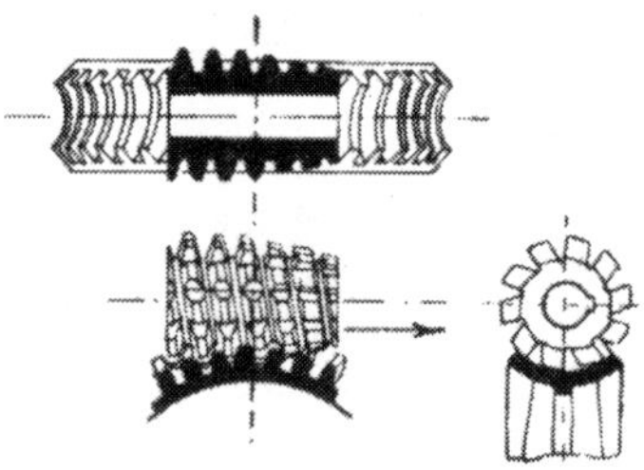

Abb. 109.

Bei halbautomatischer Bearbeitung wird ein Zahn nach dem andern fertig hergestellt und das Weiterteilen erfolgt von Hand

Bei ganz automatischer Arbeit wird jedoch bei jedesmaligem Hubwechsel des Hobelstahls der nächstfolgende Zahn in Arbeit genommen, wobei gleichzeitig automatisch weitergeteilt wird, was so lange fortgesetzt wird, bis das richtige Zahnprofil erreicht ist, mithin werden alle Zähne gleichzeitig fertiggestellt.

6. Schneckenräder können nur im Abwälzverfahren hergestellt werden. Das Werkzeug, ein schneckenförmiger Abwälzfräser mit um den Kopfspielraum verlängerten Zähnen, entspricht in Teilung, Durchmesser, Gangzahl und Richtung den später in den Rädern arbeitenden Schnecken, hat also genau die Form der Schnecke.

Das Arbeitsstück macht eine gleichförmige Drehbewegung, einschließlich der dem Fräservorschub entsprechenden Zusatzdrehung, während der konisch angedrehte Fräser (Abb. 109) auf einer in zwei Lagerböden *b* gelagerten Welle *c* sitzt. Die Lagerböden sind auf dem Supportschlitten *d* befestigt, und dieser gleitet auf dem Support-Unterteil *e* (Abb. 110, 110a).

a) Beim Fräsen nach dem **Tangentialverfahren** erfolgt der Vorschub des leichteren Anschneidens wegen beim Durchlauf, wie erwähnt, des konisch angedrehten

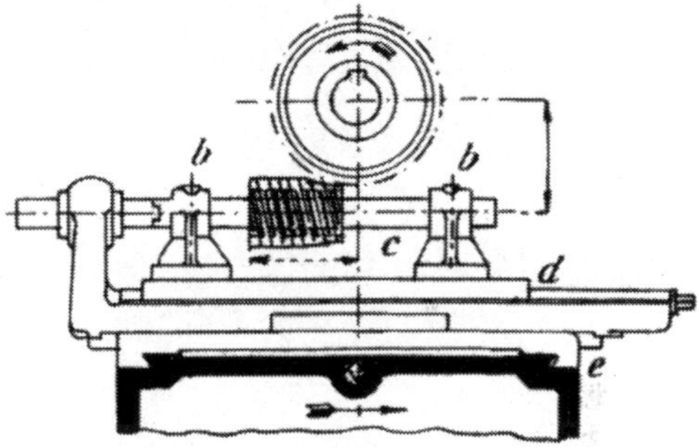

Abb. 110.

geradflankigen Fräsers, dessen kleinster Durchmesser dem Fußkreisdurchmesser des Schneckenrades entspricht und mit diesem Ende voraus ganz langsam in der Richtung seiner Achse geschaltet wird, tangential zum Schneckenrad. Die Teilung ist hier in der Schnittspirale der Normalteilung zu messen. Die Zahnlücke weist nur im Mittelschnitt eine genaue Evolventenform auf, die übrigen Profile sind nur Durchgangsprofile des Fräsers bzw. der Schnecke.

Die Zahnflanken sind, wie immer beim Abwälzverfahren, nicht ganz glatt. Die Räder werden daher vorteilhaft einem allmählichen Einlauf unterzogen.

Abb. 110 a.

Der Vorschubweg des Fräsers ist für jede Teilung und Zähnezahl verschieden. Die Umfangsgeschwindigkeit des Fräsers bleibt auch bei mehrgängigen Schneckenrädern dieselbe wie bei eingängigen, jedoch ist die Umfangsgeschwindigkeit bei doppelgängigen Rädern zweimal, bei dreigängigen dreimal so groß wie bei eingängigen, d. h. das Rad dreht sich zwei- bzw. dreimal so schnell durch den Fräser, wie ein eingängiges Rad. Eine derartige Maschine von J. E. Reinecker zeigt Abb. 110a.

b) Bei dem auf ein- und zweigängige Räder beschränkten **Radialverfahren** (Abb. 110b), das aber nur bei eingängigen Rädern eine einwandfreie Verzahnung ergibt, können auf der Universalfräsmaschine und der Stirnradfräsmaschine (vgl. Bd. I, S. 124) mit zylindrischen Schneckenfräsern Schneckenräder erzeugt werden. Hier wird das Schneckenrad durch allmähliche Verkleinerung des Achsenabstandes von Fräser und Rad bis auf das gewünschte Maß erzeugt. Die Fräsmaschinen müssen für diesen Zweck eine Schaltung besitzen, durch die das Werkzeug mit dem Rade im richtigen Übersetzungsverhältnis arbeitet.

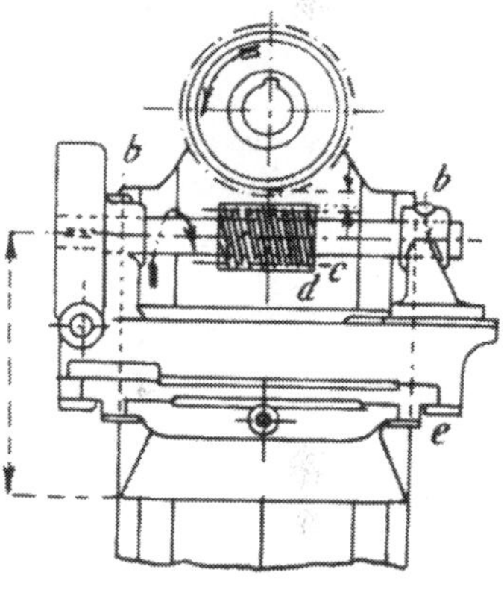

Abb. 110b.

Bei großen Steigungswinkeln ergeben diese Fräser keine genauen Zahnformen.

7. Die Herstellung von **Schnecken** läßt sich auf

Schneckenfräsmaschinen bedeutend billiger ermöglichen als auf der Drehbank.

Zum Einfräsen der Gewindegänge in Schnecken dienen Fräser, deren Zahnflanken im Winkel von 30° zueinander stehen. In den meisten Fällen werden Fräser von dem genau gleichen Profil der Betriebsschnecke verwendet.

8. Zahnstangen-Fräsmaschinen werden halb oder ganz automatisch gebaut. Bei ersteren kehrt der Frässchlitten nach Vollendung des Schnittes, der von oben nach unten erfolgt, selbsttätig in seine Anfangsstellung zurück, wo er stehenbleibt, dann muß von Hand weiter geteilt werden, während bei den automatischen Maschinen Fräsen, Rückgang und Weiterteilen selbsttätig erfolgt.

Register.